生命的完整

人生的转化

THE TRANSFORMATION
OF MAN

[印] 克里希那穆提 —— 著　桑靖宇　程悦 —— 译

九州出版社　全国百佳图书出版单位

图书在版编目(CIP)数据

生命的完整：人生的转化 / (印) 克里希那穆提著；桑靖宇，程悦译. -- 北京：九州出版社，2022.12
ISBN 978-7-5108-8835-9

Ⅰ. ①生… Ⅱ. ①克… ②桑… ③程… Ⅲ. ①人生哲学－通俗读物 Ⅳ. ①B821-49

中国版本图书馆CIP数据核字(2020)第251411号

著作权合同登记号：图字01-2022-6435号

Copyright© 1978 Krishnamurti Foundation Trust, Ltd.
Krishnamurti Foundation Trust Ltd.,
Brockwood Park, Bramdean, Hampshire
SO24 0LQ, England
E-mail: info@kfoundation.org Website: www.kfoundation.org
想要进一步了解克里希那穆提，请访问www.jkrishnamurti.org

生命的完整：人生的转化

作　　者	[印度] 克里希那穆提 著　桑靖宇　程悦 译
责任编辑	李文君
出版发行	九州出版社
地　　址	北京市西城区阜外大街甲35号 (100037)
发行电话	(010) 68992190/3/5/6
网　　址	www.jiuzhoupress.com
印　　刷	三河市国新印刷有限公司
开　　本	880毫米×1230毫米　32开
印　　张	10.125
字　　数	344千字
版　　次	2023年1月第1版
印　　次	2023年1月第1次印刷
书　　号	ISBN 978-7-5108-8835-9
定　　价	58.00元

★版权所有　侵权必究★

出版前言

克里希那穆提 1895 年生于印度，13 岁时被"通神学会"带到英国训导培养。"通神学会"由西方人士发起，以印度教和佛教经典为基础，逐步发展为一个宣扬神灵救世的世界性组织，它相信"世界导师"将再度降临，并认为克里希那穆提就是这个"世界导师"。而克里希那穆提在自己 30 岁时，内心得以觉悟，否定了"通神学会"的种种谬误。1929 年，为了排除"救世主"的形象，他毅然解散专门为他设立的组织——世界明星社，宣布任何一种约束心灵解放的形式化的宗教、哲学和主张都无法带领人进入真理的国度。

克里希那穆提一生在世界各地传播他的智慧，他的思想魅力吸引了世界各地的人们，但是他坚持宣称自己不是宗教权威，拒绝别人给他加上"上师"的称号。他教导人们进行自我觉察，了解自我的局限以及宗教、民族主义狭隘性的制约。他指出打破意识束缚，进入"开放"极为重要，因为"大脑里广大的空间有着无可想象的能量"，而这个广大的空间，正是人的生命创造力的源泉所在。他提出："我只教一件事，那就是观察你自己，深入探索你自己，然后加以超越。你不是去听从我的教诲，你只是在了解自己罢了。"他的思想，为世人指明了东西方一切伟大智慧的精髓——认识自我。

克里希那穆提一生到处演讲，直到 1986 年过世，享年 90 岁。他的言论、日记等被集结成 60 余册著作。这一套丛书就是从他浩瀚的言论中选取并集结出来的，每一本都讨论了和我们日常生活息息相关的话题。此次出版，对书中的个别错误进行了修订。

克里希那穆提系列作品得到了台湾著名作家胡因梦女士的倾情推荐，在此谨表谢忱。

九州出版社

目 录

第一部分　七篇对话

对话1　生命的完整（5月17日）/ 3

对话2　心理的安全（5月18日上午）/ 25

对话3　改变生存之道（5月18日下午）/ 55

对话4　思想能否觉察到自身？（5月19日上午）/ 75

对话5　终止形象的制造（5月19日下午）/ 98

对话6　建立正确的关系（5月20日上午）/ 123

对话7　探明死亡的含义（5月20日下午）/ 147

第二部分

1. 冥想便是清空意识内容 / 177

2. 冲突的终结，便是作为智慧形式之一的最高能量的累积 / 183

3. 被称为"爱"的肯定事物是从否定中来 / 188

4. 死亡——一种伟大的净化行为 / 193

5. 不执着于自我的技巧 / 196

6. 单有理性和逻辑是无法发现真理的 / 199

7. 智慧中有彻底的安全 / 204

8. 肯定从否定中产生 / 209

9. 因为存在着空间，于是便有虚空与彻底的寂静 / 216

10. 拥有洞察力的心灵，其状态是彻底的空寂 / 221

11. 当痛苦存在时，你便无法去爱 / 225

12. 悲伤是时间与思想的结果 / 228

13. 什么是死亡？ / 235

14. 空无便是全部能量之和 / 238

15. "无我"之时方有慈悲 / 246

16. 观察者与所观之物之间的划分便是冲突的根源 / 250

17. 当意识及其内容终结之时，便会有迥异之物出现 / 256

18. 倘若没有澄明，技能就会变成一种最为危险的事物 / 262

19. 一个人怎样才能认识自我？ / 265

第三部分　两篇对话

对话 1　教诲与实相的关系 / 273

对话 2　教诲是否源自实相 / 289

第一部分
七篇对话

克里希那穆提同伦敦大学比尔贝克学院的理论物理学教授大卫·博姆以及纽约市精神病学家大卫·西恩博格医生之间的对话。

节选自电视录音带

布洛克伍德公园,汉普郡,1976年5月

对话 1　生命的完整[①]（5月17日）

克里希那穆提[②]：我们能否谈论一下生命的完整呢？假如心灵是支离破碎的、不完整的，那么一个人能够认识到整体、认识到全部吗？一孔之见难窥全貌。

西恩博格医生[③]：的确如此。然而另一方面你实际上又是完整的。

克：啊！那只是理论而已。

西：是吗？

博姆博士[④]：当然，这只是一种推想。

克：当然，当你是支离破碎的时候，你如何能够认为自己是完整的呢？

西：我怎样才能够知道我是破碎的、不完整的呢？

克：当有冲突存在时。

西：没错。

克：当对立的欲望、希冀和想法带来冲突时，尔后你便会感到痛苦，于是你就能意识到你的不完整了。

西：对的。然而在这些时刻经常发生的情形却是，你并不希望放开

[①] 本书第一、三部分内容原只有对话序号分节，没有标题。现各节标题系中文版编者所拟。
[②] 下文中"克里希那穆提"，简称为"克"。
[③] 下文中"西恩博格医生"。简称为"西"。
[④] 下文中"博姆博士"。简称为"博"。

这种冲突。

克：这是不同的。我们正在询问的是：这种支离破碎的状态能否自我消解，因为只有在这时才有可能看到整体。

西：你真正知道的便是你的不完整。

克：这便是我们所知道的全部。

博：没错。

克：因此让我们紧扣中心议题吧。

博：有关整体是存在的这一设想或许是合理的，但只要你是支离破碎、不完整的，那么你就永远无法发现全部。它将仅仅是一种假设。

克：当然没错。

西：对的。

博：你或许可以认为你已经体验了完整，但这同样也只是一种假设。

克：是的，当然没错。

西：我想知道，当我意识到了我的不完整时，是否就不会存在一种巨大的痛苦了呢？

克：看看，先生：你能否察觉到你的不完整呢？你是一个美国人，我是一个印度教教徒、犹太人、共产主义者或任何其他的身份——你就生存在这种状态之中。你不会说"我清楚地知道我是一个印度教教徒"——只有当你遭到挑战时，只有当被问道"你是什么"时，你才会说："我是印度人或者阿拉伯人。"

博：当国家或民族身份遭到挑战时，你就会感到焦虑了。

克：当然。

西：所以你是说我完全活在对刺激、对挑战的反应之中吗？

克：不，你活在一种彻底的污染和混乱之中。

西：从一个碎片到下一个碎片，从一个反应到下一个反应。

克：所以我们能否意识到存在不同的碎片呢？我是一个印度教教徒，我是一个犹太人，我是一个阿拉伯人，我是一个共产主义者，我是一个天主教徒，我是一个商人，我是已婚人士，我负有责任，我是名艺术家，我是位科学家——你理解了吗？所有这一切都是社会学层面上的碎片。

西：是的。

克：以及心理上的碎片。

西：对的，对的。这正是我开始时所说的，这种我是一个碎片的感觉。

克：你们称之为个体。

西：我称其为重要，而不仅仅是个体。

克：你将其称为重要。

西：对。

克：的确。

西：它很重要。

克：所以，我们能否在共同讨论的过程中意识到我便是如此的呢？我是一个碎片，因而会产生出更多的碎片、更多的冲突、苦难、混乱和悲伤，因为，当有冲突存在时，它便会对一切产生影响。

西：的确。

克：当我们在讨论的时候，你能否觉察到这一点吗？

西：我能够觉察到一点儿。

克：不要只是一点儿。

西：这便是难题所在。为什么我无法意识到呢？

克：看吧，先生。只有当冲突存在时你才会有所觉察，而现在你的内心并无冲突。

博：那么有可能在没有冲突的情形之下意识到它吗？

克：是的，这便是接下来将要探讨的事情，它要求一种相当不同的解决途径。

博：然而我所考虑的是这样一个问题，即这些碎片的重要性在于，当我在做自我认同并且声称"我是这个""我是那个"的时候，我所指的是整体的我。整体的我是富贵还是贫穷，是美国人还是其他种族，因此这看起来似乎至关重要。我认为困难在于，这些碎片声称自己便是全部，并且使得自身格外的重要。

西：应当重拾生命的完整。

博：尔后便将有矛盾产生，于是就会有另一个声称自己是整体的碎片出现了。

克：你知道，这个原本完整的世界，其外部和内部便是以这种方式变得支离破碎起来。

西：你和我。

克：是的，你和我，我们和他们……

博：但假如我们声称"我整个是这样的"，那么我们也会宣布说"我整个是那样的"。

西：这一进入破碎化的运动看起来是由某种事物所导致的。似乎是……

克：你所询问的是这个吗？是什么导致了破碎化？

西：是的。是什么导致了破碎化呢？是什么滋生出了破碎化？是什么使我们卷入其中？

克：我们正在探寻某个极为重要的问题，即是什么导致了这种破碎化？

西：这也正是我所要寻求的。有某种原因……我依附于某物。

克：不，好好审视一下该问题，先生。你为什么会是支离破碎、不完整的呢？

西：好的，我的直接反应便是，需要依附于某物。

克：不，是比这更为深刻的原因，更为深刻的。好好审视一下该问题吧。让我们慢慢地对其展开探究。

西：好的。

克：不要立即做出回应。是什么带来了这种冲突呢？而冲突便表明我是破碎的、不完整的。于是我要提出的问题便是：是什么导致了这种破碎化呢？原因何在？

博：没错，这是非常重要的。

克：是的。为什么你、我以及世上的大多数人全都是破碎的、不完整的？原因究竟是什么？

博：似乎我们无法通过在时间中回溯来探明原因……

西：我并不是在从遗传学上来寻找解答。

克：先生，好好审视一下这个问题吧。把问题放到桌面上来客观地审视它吧。是什么导致了这种破碎化呢？

西：恐惧。

克：不，原因要比这深刻得多。

博：或许正是破碎化带来了恐惧。

克：是的，没错。为什么我是一个印度教教徒呢？——假如我不是一名印度教教徒，我不是一个印度人，那么我就没有任何民族身份和背景。然而假设我自称是个印度教教徒，那么是什么使得我成为一个印度教教徒的呢？

西：各种条件背景使你成为一名印度教教徒。

克：什么是背景呢？是什么使得我声称"我是一名印度教教徒"的呢？显然这便是一种碎片化。

西：没错，没错。

克：是什么导致了这个呢？我的父亲、我的祖父——我之前的数个世代，一万年或五千年，他们声称你是属于婆罗门阶层的。

西：你不会以说或写的方式声称"我是一个婆罗门，你是一个婆罗门"。对吗？这是截然不同的。你之所以会宣布"我是一个婆罗门"，那是因为……

克：这就犹如你声称"我是一名基督徒"一样。是什么使得你自称为基督徒的呢？

西：传统、背景、社会关系、历史、文化、家族……一切。

克：然而在这一切的背后又是什么呢？

西：这一切的背后是人的……

克：不，不对，不要将其理论化了。在你的内心审视它。

西：嗯，它给予了我一个位置、一个身份，于是我便知道我是谁，我有我自己的一方小小的生存之境。

克：是谁带来了这个生存之境呢？

西：嗯，是我自己造就的，是他们帮助我造就的。我在这个生存之境上是与人合作的……

克：你并不是与人合作的，你就是它。

西：我就是它，对，没错。整体运动着……将我放进了一个洞穴之中。

克：所以是什么使得你如此呢？你的曾曾曾祖父创造了这个环境、这种文化、这一人类存在的整个结构及其所有的苦难和冲突——这便是碎片化。

西：此刻也正有同样的行为在使人们变得如此。

克：没错。古巴比伦人、古埃及人是如此，我们现在也依然是如此。

博：是的。

西：正是这一切提供给了我一种"二手"的存在。

克：是的，请继续下去，让我们来一探究竟。探明为什么人类会致使这一状态出现。我们所接受的——你明白吗？不管是乐意的还是不乐意接受的，我们便是它的一部分了。我想要干掉某人，因为他是一名共产主义者或法西斯，他是个阿拉伯人或犹太人，他是一名新教徒或天主教徒，或者任何其他的身份。

西：嗯，这种情形真可谓无处不在，医生、律师……

克：当然，当然，这是同样的问题。这是否是基于对安全感的渴求呢？生理上的和心理上的安全感？

西：你可以这么说。

克：假如我从属于某物，从属于某个组织、某个团体、某个宗派、某个意识形态的团体，那么我在其中便是安全的。

博：这并不准确：你或许会感到安全。

克：我感到安全，但是也可能并不安全。

博：是的。然而为什么我没有领悟到我并不是真正安全的呢？

克：好好探究一下。

西：我不明白。

克：审视一下吧。我加入了一个团体……

西：对。我是名医生。

克：是的，你是位医生。

西：我怀有所有这些想法……

克：因为你是名医生，所以你在社会上拥有某种特殊的位置。

西：对。我对于事物是如何运作的怀有许多的想法。

克：你在社会中处于一种特殊的位置，因此你便是彻底安全的。

西：对的。

克：你可能会治疗失当，但你将受到其他医生、其他组织的妥善保护——你明白吗？

西：是的。

克：你会感到安全。

博：关键在于我不应当探寻得如此之远来感到安全，不是吗？换言之，我必须在某个点上停止我的探寻。假如我一开始便去问过多的问题……

克：……那么你就出局了！如果我一开始就询问一系列的问题，诸如我的团体、我与该团体的关系、我与世界的关系、我与邻里的关系，那么我就会从那一团体中出局了，就会处于迷失之中。

西：没错。

克：所以，为了寻求安全感、为了寻求被保护，于是我便去从属于某物。

西：我便会有所依赖。

克：我便会依赖于某物。

博：假如没有这种依赖的话，我就会觉得一切都糟透了，所以从这个意义上来说，我的依赖是彻底性的。

西：你知道，我并非仅仅依赖于他物，而且我现在的所有问题全都同这种依赖有关。我对病人并无所知，我只知道他是如何不适应我的医学系统的。

克：完全正确。

西：这便是我的冲突所在。

克：他是你的牺牲品。

西：没错，我的牺牲品。

博：你知道，只要我不询问问题，我便会感觉舒服自在。然而当我提出问题时，我就会感到不适、极其的不适，因为我的整个存在状态受到了挑战。可是假如我从更为广泛的层面来看待此问题的话，我便会发觉这整个的一切没有任何根基——它是岌岌可危的。这一团体本身便处于混乱之中，它或许会崩塌。即使它不会整个瓦解，你也不能再指望学术这一行了，因为他们可以不向大学提供资金。一切都变化得如此之快，以至于你不知道自己正置身何处。所以为什么我应当不再继续询问问题呢？

克：为什么我不询问问题？——出于恐惧。

博：是的，但这种恐惧是源于碎片化。

克：当然。所以这便是碎片化的开始吗？当一个人寻求安全感的时候便会出现分裂和破碎吗？

西：但是为什么……

克：生理上和心理上的。主要是心理上的，尔后便是生理上的。

西：没错。

克：身体上的。

博：然而这种寻求肉体上的安全感的倾向难道不是生命体所固有的吗？

克：是的，没错，正是如此。我必须要拥有食物、衣服以及遮风挡雨的栖息之所，这些都是绝对必需的。

西：对的。

克：当这一切遭到威胁时——假如生活在苏联的我却对共产主义制度予以彻底的质疑，那么我便难以存身了。

西：但是让我们在此处将探究的脚步稍微放慢一些吧。你的意思是，在我对生理上的安全感的寻求过程中，我必须要有一些碎片化。

克：不，先生。当我在心理上渴求着安全感的时候，便会出现分裂和破碎，便会滋生出不安全。

西：好的。

克：我不知道我是否将自己的意思阐释清楚了。等一下，我的意思是：假如我在心理上不从属于某个群体的话，那么我便会从该群体中出局。

西：于是我便是不安全的了。

克：我便是不安全的，因为该群体给予了我安全——身体上的安全，我接受了他们所提供给我的一切。

西：没错。

克：但是在我从心理上反对这一社会结构以及团体的那一刻，我便会迷失。这是一个显而易见的事实。

西：是的。

博：对。

西：那么你的意思是，我生活在这种不安全之中，这种基本的不安全是被各种条件所限定的，而对此的反应——对此的解答——便是一种为许多条件所限定的碎片化吗？

克：某种程度上是如此。

西：这种碎片化的运动是被诸多条件所限定的吗？

克：先生，你看，假如没有这种历史层面的、地理层面的、民族层面的分裂和破碎，那么我们便将生活在完美的安全之中。我们全都会受到保护，我们全都会拥有食物、全都会居者有其屋。世界上将不会有战火纷飞，我们大家将心手相连，组成一个和睦的大家庭。他是我的兄弟，我便是他，他便是我。然而这种分裂和破碎却妨碍了这一切的发生。

西：的确如此。因此你在这里尤其想要建议的是，我们应当相互帮助是吗？

克：显然，我应该帮助他人。

博：我们似乎在兜圈子，因为……

克：是的，先生。我想要返回到某个要点上去，即：假如世界上没有任何国籍和民族，没有任何意识形态的团体，诸如此类，那么我们便将拥有所希冀的一切。然而这一美好的情形却遭到了阻碍，就因为我是一个印度教教徒，你是一个阿拉伯人，他是一个苏联人——你明白了吗？

我们所询问的是：这种分裂和破碎为什么会发生？其根源何在？是知识导致的吗？

西：是知识，你说过的。

克：是知识吗？我确定是知识，但是我将其作为了一个问题提出来。

西：看上去当然是的。

克：不，不，好好审视一下吧。让我们来一探究竟。

西：你所谓的知识指的是什么呢？你在此处所谈论的究竟是什么呢？

克："了解"这一词语。我了解你吗？又或者我是否已经了解你了呢？我永远无法声称我了解你，确实是这样，说"我了解你"是一件可憎的事情。我自以为已经了解你了，然而与此同时你却是处于变化之中的——你的身上正发生着许多运动发生着。

西：没错。

克：说"我了解你"，意味着我知晓或者熟悉此刻在你的身上所发生的运动。因此对我而言，声称"我了解你"便是极为轻率之举。

西：的确如此。

克：所以了解——是一种过去的状态。你对此有何看法呢？

博：是的，我认为我们的所知皆属过去。

克：知识是一种过去的状态。

博：危险在于，我们将知识称为当下的状态。

克：正是如此。

博：换言之，假如我们声称过去即过去，那么你难道不会说它就不必再碎片化了吗？

克：这是什么意思呢，先生？

博：如果我们说——如果我们承认说，过去即过去，过去已逝去，因此我们的所知便是一种过去的状态，那么它就不会带来碎片化了。

克：是的，没错。

博：但是假如我们声称我们的所知属于当下、属于现在，那么我们便将带来分裂和破碎。

克：相当正确。

博：因为我们正将这种局部的知识强加在了整体之上。

克：先生，你是说知识是碎片化的因素之一吗？这个结论会让许多人都难以消化啊！

博：还有许多其他的因素。

克：是的，但这或许便是唯一的因素！

博：我认为我们应当这样来看待该问题，即人们希望通过知识来克服这种破碎化。

克：当然。

博：要产生一种能够将这一切都统摄在一起的知识体系。

克：这难道不是分裂和破碎的主要因素之一吗？我的经验告诉我说我是名印度教教徒，我的经验告诉我说我知道什么是神。

博：对于整个知识的困惑便是基于碎片化，我们这么说不会更好些吗？

克：这便是我们某天所谈到的内容——我们应当把知识安放在属于它自己的正确的位子上。

博：是的，如此一来我们便不会对其感到困惑了。

克：当然。

西：你知道，我正打算告诉你一个相当有趣的例子，是有关我的一位病人的，这个病人有一天教会了我一些事情。她说道：我对你们医生的工作方式深有所感，当你们遇到得了某种疾病的患者，便会对其实施治疗，如此一来我就会得到某个结果。你并不是在同我谈话，你之所以对我如此，是希望你能得到这一结果。

克：正是如此。

西：这便是你所阐述的思想。

克：不，不仅仅如此，先生。我们所要表达的是，博姆博士和我想要说的是，知识有它自己的位置。

西：让我们来一探究竟吧。

克：就像驾驶一部车，学习一门语言，诸如此类。

博：假如我们运用知识来驾驶一辆汽车的话，那么这便不是破碎化。

克：是的，然而当知识被运用在了心理层面上……

博：一个人应当更加清楚差异何在。汽车本身——正如我所看到它的那样——是一个部分，一个有限的部分，它能够为知识所掌控。

西：它是生活的一个有限的部分。

博：生活的一部分，的确是这样。当我们声称"我是这样的、我是那样的"，我所指的是整体的我。因此我把局部应用到了整体，我试图用局部来理解整体。

克：当知识假设自身理解了全部时……

博：不过这经常是一种非常狡猾的说法，因为我并没有明确地指出我理解了全部，然而通过说我，或者一切便是如此，则是一种暗示。

克：相当正确。

博：这表明整体便是如此，你知道。整体的我，生活的全部，世界的全部。

西：正如克里希那穆提所说的那样，我们永远无法认识一个人——然而我们却是这样来对待自身的。我们常说"我知道关于我自己的这个或那个"，而不是对一个崭新的人抱持开放的态度，乃至能够意识到这种碎片化。

博：如果我在谈论你的话，那么我就不应当说我了解你的全部，因为你并非犹如一部机器那样是一个有限的部分。你知道，机器是相当有限的，你能够知道关于它的一切，无论如何也可以了解到它的大部分，有时候它还会垮掉。

克：正是如此。

博：但是当提及另一个人的时候，这便无限地超越了你所能够真正了解的范畴了，过去的经验无法告诉你有关此人的实质。

克：博姆博士，你是在说，当知识溢出、进入心理的领域时？

博：嗯，还有另一个领域，我将其称为普遍的整体。有时候它会溢出、进入到哲学的领域，尔后试图使自身形而上学化，成为整个世界。

克：这是纯理论化的，对我个人而言没有任何意义。

博：我的意思是，有些人觉得，当他们讨论整个世界的形而上学时，它便不是心理层面的。它或许是，但某些人可能感觉他们正在构建一条关于世界的理论，而不是在讨论心理学。这仅仅是语言的问题。

克：语言，没错。

西：嗯，你知道，你所说的能够被延伸到有关人的本质上。他们有一套关于他人的理论。我知道其他所有人都是不被信任的。

克：当然。

博：你有一套关于你自己的理论，声称我是怎样怎样的一个人。

西：对的。我有一套关于生活的理论，那便是生活是无望的，我必须要依赖于这些事物。

克：不，你所能够明了的全部，便是我们是破碎的、是不完整的。这是一个事实。我察觉到了这种分裂和破碎，察觉到了一个由于冲突而变成碎片的心灵。

西：没错。

博：我们所要谈的便是这个吗？

克：正是。我说道："这种冲突的根源何在？"显然，根源便是分裂、是破碎。那么是什么导致了这种破碎化呢？其原因何在？其背后的因素为何？我们认为，或许便是知识所致。

西：知识。

克：知识。我把知识运用到了心理层面，我以为我了解我自己，然而我并非如此，因为我每时每刻都在运动、变化着。或者我运用知识是为了自身的满足——为了我的地位、为了我的成功、为了变成世界上的伟人。比如，我是一位伟大的学者，我阅读过成千上万的书籍，这给予了我地位、名望以及身份。因此，当渴望获得安全，获得某种心理上的安全时，这种破碎化便会发生，对吗？

西：正是。

克：你说得很对。所以"安全"可能就是原因之一。我们错误地在知识中去寻求安全。

博：或者你可以说某种错误已经造成了，人感觉到了生理上的安全，于是他想道：我该做些什么呢？尔后他便试图通过知识来获得一种心理上的安全感，从这一层面上来说，他犯了一个错误，是这样吗？

克：通过知识，是的。

西：没错，通过知识。通过重复他自己，通过依赖所有这些结构。

克：一个人通过怀有某种理想来获得安全感。

西：没错，的确如此。

博：然而他又会在某个地方询问：为什么人类会犯这个错误？换句话说，假如思想——假如心智是绝对清晰的，那么它便永远不可能这么做。

西：如果心智是绝对清晰的——但是我们刚刚说过存在着生理上的不安全，这是一个事实。

博：可是这并不意味着说你必须要欺骗你自己。

克：相当正确，再继续深入下去。

西：我始终是不确定的，永远都处于变化之中，这是一种生理上的事实。

克：这是由于心理上的碎片化造成的。

西：我的生理上的不确定性？

克：当然。我可能会失去我的工作，我可能明天就身无分文了。

博：现在让我们来审视一下这个问题吧。我或许明天就身无分文了，你知道，这可能便是事实情形。然而现在的问题是：假如一个人的心智是清晰的，那么他会说些什么呢？他的反应会是什么呢？

克：他永远不会处于这种情境之中的。

西：他不会提出这一问题的。

博：但是假设他发现自己身无分文了呢？

克：他会做些什么，他会有所行动。

博：他的心灵就不会变成一片片的了。

西：他将不必获得他认为自己必须要拥有的全部钱财。

博：除此之外，他不会去探究这种混乱。

克：是的，绝对如此。

西：我绝对同意说，当下百分之九十九的问题都在于：我们全都认为，我们需要的比我们应当拥有的多。

克：不，先生，让我们紧扣议题吧。这种破碎化的原因是什么？

西：好的。

克：我们认为知识溢出、进入它不应当走入的领域之中。

博：但是为什么它会如此呢？

克：为什么它会如此？这是相当简单的。

西：对于我们所讨论的，我的感觉是，知识之所以会走入它不应当进入的领域里，是出于对安全的幻觉。正是思想创造出了这种自以为存在着安全的幻觉。

博：是的，然而为什么智识没有向我们指出并无安全的存在呢？

西：智识为何没有指出这一点呢？

克：一个支离破碎的心灵会拥有智识吗？

西：不能。

博：嗯，它拒绝智识。

克：它可以假装拥有智识。

博：是的，然而你是说一旦心灵成为了碎片，智识便会消失吗？

克：没错。

博：但你现在正是在质疑这个问题。你还说碎片化可以终结。

克：的确。

博：这似乎是种矛盾。

克：看起来的确有些矛盾，但实际上却并不是。

西：我所知道的只有碎片化。

克：因此……

西：这便是我所获知的。

克：让我们紧扣主题，并且证明这种碎片化能够终结。好好审视一下这个问题吧。

博：可是，假如你认为，当心灵支离破碎的时候，智识便无法运作……

克：心理上的安全是否比生理上的安全更为重要呢？西：这是一个有趣的问题。

克：继续下去。

西：我们把问题简化一下……

克：不，我正在询问，不要转移话题。我所问的是：心理上的安全是否要比生理上的安全来得重要？

西：并非如此，不过听起来似乎是这样。

克：不，不要从这一问题上跳开，请紧扣我们所讨论的问题。对你而言，心理上的安全会比生理上的安全更为重要吗？

西：我会说是的，心理上的似乎……

博：实际情形是什么呢？

西：实际情形，那我得说不，生理上的安全要更加重要一些。

克：生理上的安全更为重要？你确定吗？

西：不，我认为心理上的安全才是我真正最为焦虑的。

克：心理上的安全。

西：这才是我最为担心的。

克：它妨碍了生理上的安全。

西：没错，现在我已经有所领会了。

克：不，不。因为我在理念、在知识、在形象、在混乱中去寻求安全，这妨碍了我去拥有生理上的、身体上的安全，我无法拥有它。出于对心理安全感的寻求，于是我便声称我是一名印度教教徒，如此一来我便成了一个被逼至一隅的可怜虫。

西：毫无疑问，我确实感觉心理的……

克：所以我们能否摆脱这种对于心理上的安全感的渴望呢？

西：没错，问题就在这儿。

克：当然。

西：这便是症结所在，很对。

克：昨晚我听到一些人在电视上发表争论——什么这个协会的主席啊、那个团体的领袖啊，谈论着爱尔兰的局势以及其他一些事情，每个人都完全信服于自己的主张。

西：正是如此。我每周都要开会讨论，每个人都认为他自己的那套理念是最重要的。

克：因此人类对心理上的安全——而非生理上的安全——给予了更

多的关注。

博：但是不清楚为什么他应当以这种方式来欺骗自己。

克：他之所以欺骗自己，是因为——因为什么呢？

西：因为形象、权力。

克：不，先生，原因要比这深刻得多。他为何如此重视心理上的安全呢？

西：我们似乎认为这便是安全所在。

克：不，更加深入地审视一下吧。"我"便是最重要的事物。

西：没错，这是一样的。

克：不，是"我"，我的地位、我的幸福、我的金钱、我的房子、我的妻子——我。

博："我"，是的。每一个人都感觉自己便是整体核心所在，难道不是吗？"我"便是整体的核心要素，我会觉得，假如我消失不在的话，那么其余的一切都将没有任何意义。

克：这便是全部的要点。这种自我感给予了我彻底的安全——心理上的安全。

博：当然，"我"似乎是首要的

西：首要的。

博：是的，人们会说："假如我伤心难过，那么整个世界便没有任何意义。"对不对？

西：不完全如此。假如"我"是首要的，那么我会难过。

克：不，我们所说的是，最大的安全存在于"我"之中。

西：没错，这正是我们所认为的。

克：不，不是我们所认为的，它就是如此。

博：你所谓的"它就是如此"是什么意思？

克：这便是世界上所发生的情形。

博：这就是所发生的情形，然而它是一种欺骗。

克：我们待会儿再谈这个问题。

西：我认为这是一个很好的要点。它就是如此，"我"——"我"是重要所在。

克：心理上的。

西：心理上的。

克：我、我的国家、我的神、我的房子。

西：我们已经领会了你的要义。

对话 2　心理的安全（5月18日上午）

克里希那穆提：我们可以从昨天停下来的地方继续讨论吗？还是你们希望从某个新的问题开始？

博姆博士：我认为我们昨天所讨论的还有一点尚不太清楚。我们认可了心理上的安全是虚假的、是一种自欺欺人的错觉，然而我并不认为我们已经完全阐释清楚了为何它是一种错觉。你知道，大多数人都觉得心理上的安全是一件好事，是必需的，当它遭到干扰时，当一个人被恐吓或者遭遇悲痛时——受到了如此大的扰乱，以至于他可能需要治疗——他会感觉，在他能够开始去做任何事情之前，心理上的安全是必需的。

克：是的，没错。

博：我认为我们尚未讲清楚为什么一个人应当说心理上的安全并不像生理上的安全那般重要。

克：我以为我们已经阐释得相当清楚了，不过还是让我们探究一下吧。真的有心理上的安全存在吗？

博：我并不觉得我们昨天已经把这个问题彻底讨论清楚了。

克：当然，大家都不这样认为，但是我们正在探究此问题。

博：我认为，假如你告诉某个精神上倍感困扰的人说，并不存在任何心理上的安全，那么他会感到更加糟糕。

克：他会崩溃的，当然。

西恩博格医生：没错。

克：我们所谈论的是相当健全和理性的人。

西：对。

克：我们质疑是否存在着心理上的安全。永恒、稳定、一种有依据的、根深蒂固的存在感，心理上的……我信仰某物……

西：……这给予了我……

克：它或许是最愚蠢的信仰。

西：没错。

克：……一种神经质的信仰。

西：是的。

克：而这给予了我一种巨大的重要感和稳定感。

博：我可以想到两个例子，一个例子是，假如我真的能够相信死后我会去往天堂，对此极为确信，那么我在任何地方都会放心无忧，无论发生什么。

西：这会使你感觉良好。

博：嗯，我真的不必去焦虑，这一切都只是暂时的麻烦。我会笃信，迟早一切都会好起来的。你明白了吗？

克：没错，这便是全体亚洲人的态度，或多或少。

博：或者，假如我是一名共产主义者，我认为共产主义迟早都会解决一切问题的，尽管现在我们正经历着许多的困难，但这一切都是值得的，最终所有的事情都会好起来的。如果我能够对此极有把握，那么我的内心便会感到十分安全，即使当前的条件分外艰苦。

西：是的，没错。

克：所以，尽管一个人可以怀有这些给予了他某种安全感和永恒感的坚定信仰，但是我们所质疑的是，心理上的安全这一事物是否真的存在？

西：是的，是的。但是我想问一下大卫，比如一名科学家、一个每天都会前往他的实验室的家伙，或者比如一名医生——他是否从这种自己生活里的例行公事中得到了安全呢？

克：他的知识。

西：是的，从他的知识。

博：嗯，他假装自己正在学习关于自然的永恒法则，假装自己正在获得有意义的事物。

西：是的。

博：还有在社会上占有一席之地——成为知名人士，备受尊敬，并获得经济上的安全。

西：他相信这些事物会给予他安全，就如一个母亲相信孩子会带给自己安全一样。

克：难道你没有这种心理上的安全吗？

西：当然，我从我的知识、从我的例行公事、从我的父母、从见到我的父母、从我的职位中获得安全……

博：但是在这里面存在着冲突，因为，假如我再稍微仔细考虑一下的话，我就会对其有所质疑，有所疑问。我会说它并不像看上去的那般安全，任何事情都有可能发生。或许会爆发一场战争，或许会出现一场经济衰退，或许会有一次水灾袭来。

西：没错。

克：世界上可能突然会出现健全的人！

博：所以我说在我的安全中存在着冲突和混乱，因为我对其并无把握。但假如我对神、对天国怀有一种绝对的信仰……

克：这是显然的！

西：是显然的，我同意你的看法，这的确是显然的。但是我认为它必须要真正被感觉到。

克：可是，西恩博格先生，你是牺牲品。

西：我将是牺牲品。

克：暂时如此。你难道并不怀有强烈的信念吗？

西：没错。

克：在你的心灵的某个地方，没有一种永恒感吗？

西：我认为我有。

克：心理上的？

西：是的，我有。我的意思是，我对我的目标怀有一种永恒感。

克：目标？

西：我指的是我的工作。

克：你的知识？

西：……我的知识，我的……

克：……身份……

西：……我的身份、我的利益的持续性。你知道我的意思吗？

克：是的。

西：我会有某种安全感，并且觉得我能够帮助他人。

克：是的。

西：会感觉我可以做我的工作。

克：这给予了你安全，心理上的安全。

西：当我说"安全"的时候，我所指的是什么呢？我的意思是我不会孤独。

克：不，不。感到安全。你拥有了某种不朽的事物。

西：这意味着——不，我不是以这种方式来感觉它的。如果从将要发生什么这一层面上来说的话，我的感觉会更多一些。我将会拥有什么来作为依赖呢？——我的未来会如何？——我会孤独吗？会空虚吗？

克：不，先生。

西：这难道不是安全吗？

克：正如博姆博士所指出来的那样，假如一个人对于投胎转世说怀有一种坚定的信仰，就像整个亚洲世界所信仰的那样，那么会发生什么就无关紧要了。你今生可能饱受苦难，但来世你则会幸福一些，因此，这会让你产生一种强烈的感觉，使你觉得"这个不重要，但是那个很重要"。

西：没错，没错。

克：这会给予我一种巨大的慰藉感：不管怎样，这只是一个短暂的尘世，最终我将达至某种永恒。

西：在亚洲世界是如此。但是我认为，在西方世界，你不会怀有……

克：哦，不，你会怀有。

西：……侧重点有所不同。

克：当然。

博：尽管有所不同，但我们总是会怀有对安全感的寻求。

七篇对话 | 29

西：没错，没错。然而你认为什么是安全呢？我的意思是，比如，你成了一名科学家，你拥有自己的实验室，你总是手不释卷——对不对？你所称的安全究竟是什么呢？

克：拥有某事物……

西：知识吗？

克：某种你能够依附的事物，某种不会腐朽的事物。它或许最终会毁灭，但至少目前不会。

博：你觉得它是永恒的。就像过去那些习惯去累积黄金的人们一样，因为黄金是不会腐朽的象征。

西：我们现在依然有累积黄金的人……我们有商人，他们拥有金钱。

博：你感觉它真的在那儿，它永远不会腐朽，永远不会消失，你可以指望它。

西：所以它便是某个我能够指望的事物。

克：指望、依附、坚持、紧贴。

西："我"。

克：正是。

西：我知道我是名医生，我能够依赖这种身份。

克：经验，另一方面则是传统。

西：传统。我知道，假如我对一名病人展开治疗，那么我就将得到某个结果——我可能并不会得到好的结果，但不管怎样，我都会得到一个结果。

克：所以我认为这是相当清楚的。

博：是的，这便是我们社会的组成部分，这是足够清楚的。

克：我们的条件背景的一部分。

博：条件背景，即我们渴望某种安全的、永恒的事物，至少我们是这么认为的。

西：我认为西方世界存在着一种对于不朽的渴望。

克：这是一样的。

博：你不会是说，就思想能够投射时间而言，它希望能够将一切都尽可能远地投射到未来？换言之，对于即将到来的事物的预感，其实已经是一种当下的感受了。假如你预感到可能会有不好的事情来临，那么你现在就已经会觉得很糟糕了。

克：没错。

博：因此你会希望摆脱掉它。

西：所以你期待它不会发生。

博：期待一切都会安然无恙。

西：正是。

博：我认为，所谓的安全感便是期待未来的一切都会好起来……

克：很好。

西：它会继续下去。

博：一切会变得更好。假如现在尚未如此，那么以后一定会更好。

西：所以，安全是一种"变成"吗？

克：是的，变成、完美化、成为。

西：我一直都在给患者看病。他们所投射出来的信念便是：我会成为某某某，我会变得怎样怎样，我会找到某个爱我的人。有些病人会说："我会成为部门的头头"，"我会成为最著名的医生"，"我会成为最优秀的网球手"。

克：当然，当然。

博：嗯，当你这么说的时候，似乎一切都聚焦在期待生活将会变得好起来。

克：是的，生活将会好起来。

博：然而在我看来，你不会提出这一问题，除非你有了许多生活并不尽如人意的经历。换句话说，这是对经历了如此之多的失望和苦痛所做的一种反应……

克：你是说我们没有意识到思想的整个运动吗？

博：感觉我经历了许多痛苦、失望和危险，这是很自然的，现在我希望能够去期待一切都会好起来。乍一看，这似乎是极其自然的，然而现在你却说并非如此。

克：我们认为并不存在所谓心理上的安全。我们已经阐释了我们所说的安全指的是什么，所以不必对此再来加以探究了。

西：是的，我认为我们已经领会了这一问题。

博：是的，然而这些希望实际上却是徒然，这是十分清楚的。这应当是显而易见的，不是吗？

克：先生，世间一切终将消亡。

博：是的。

克：你希望未来十年或者五十年是安全的，而这之后则无关紧要了。又或者，假如十年或五十年以后依然是重要的，那么你便会去相信某个事物——相信存在着神，相信你将会坐在他的右手边，或者其他任何你所相信的事情。所以我正努力去探明并不存在任何心理上的永恒或者明天。

博：在这一点上，真理尚未大白。

克：当然，当然。

博：从经验的层面上来讲，我们可以说我们知道这些对安全的寻求是错误的、是虚幻的。因为，首先你声称消亡是万事万物的终点，其次你不能够去指望任何事情，原因是，从本质上来说，一切都在不停地变化着。

克：万物皆处于变迁之中。

博：从心智的层面来看，你头脑中的一切始终都在变化着。你不能够依赖你自己的感觉，你不能够指望以后也可以享受到某个你现在所享受的事物，你不能够指望拥有健康，你不能够指望金钱。

克：你无法依赖你的妻子，你无法依赖——任何事物。

西：没错。

博：所以这是一个事实。然而我想说的是，你所指的是某种更为深刻的事物。

克：是的，先生。

博：可是我们不能够把自己仅仅建立在这种观察的基础之上。

克：是的，这是非常肤浅的。

西：是的，我赞同你的看法。

克：因此，假如并没有任何真实的、根本的安全，那么从心理层面来讲是否会有一个明天存在呢？于是你就拿走了所有的希望。如果明天并不存在的话，你便拿走了一切希望。

博：你所谓的明天，是指事情会变得更好的明天吗？

克：更好，更多——更大的成功、更多的理解、更多的……

博：……更多的爱。

克：……更多的爱，总是如此。

西：我认为这稍微有些快了，我觉得这里有一个跳跃，因为，正如我听见你所说的那样，我听到你说并不存在任何的安全。

克：然而事实便是如此。

西：可是对于我而言，要说——要真的说："我知道并不存在任何安全"……

克：你为什么不这么说呢？

西：这便是我正试图去探明的问题：为什么我不这么说呢？

博：嗯，这难道不是一个事实吗？——一个可以被观察到的事实，即你在心理上无法去依赖任何事物。

西：没错。可是你知道，我认为这里存在着一种行为。克里希那穆提所提的问题是："你为什么不说并无任何安全可言？"为什么我不这么说呢？

克：当你听说并不存在任何安全可言的时候，你会将其看作一个被抽象出来的观念呢，还是一个真实的事实呢？就像这张桌子，就像你的手，或者这些花儿一样，是一种真实的存在呢？

西：我认为它通常会成为一种理念。

克：正是如此。

博：为何它应当成为一种理念呢？

西：我觉得这便是问题所在。为什么它会成为一种理念？

克：这难道不是你所受训练的一部分吗？

西：一部分——是的，是我的条件背景的一部分。

克：拒绝把事物看作其本来面目。

西：没错。

博：假如你试图去探究是否并无安全存在，那么似乎就会出现某种努力，它试图去保护自身——不妨让我们说，自我的存在似乎是一种事实。你理解我的意思吗？

克：当然。

博：如果自我存在的话，它便会要求安全，而这将导致拒绝去接受并无安全存在这一事实，而仅仅会把它看作一种理念。似乎自我存在这一明显的实在性没有遭到否认。

克：这难道不就是指你拒绝把事物看作其本来的面目吗？这难道不就是指一个人拒绝看到自己是愚蠢的吗？——不是在说你——我的意思是，一个人是愚蠢的。承认自己是愚蠢的，已经……

西：是的。你对我说"你拒绝去承认你自己是个愚蠢之徒"——我们不妨说这指的便是我——而这意味着我必须要去做些什么……

克：不，还没有。行动来自领悟和感知，而非思维能力。

西：我很高兴你正有所探明了。

博：似乎只要存在着自我感，那么自我就必然会说自己是完美的，难道不是这样吗？

克：当然，当然。

西：是什么使得于我而言要摧毁掉这种对安全的需要是如此之难呢？为什么我无法做到呢？

克：不，不，并不在于你如何才能够做到。你知道，你已经进入了行动的领域之中。

西：我觉得这是至关重要的一点。

克：我认为首先要理解它。经由这种感知和领悟，行动便是必然的了。

西：好吧。现在让我们去理解所谓的不安全。你明白不安全指的是什么吗？你真的懂得它了吗？

克：不、不、不。你真的明白你正依附于某物、依附于某种给予你安全的信仰吗？

西：好的。

克：我依附于这间房子，我是安全的，它给予了我一种骄傲感、一种占有感；它给予了我一种生理上的安全感，因而也就让我获得了一种心理上的安全感。

西：没错，一个去处。

克：一个去处。但是我可能在步出这间房子之后被杀害，我会失去一切。或许会爆发一场地震，于是我所拥有的一切都会消失不见。你真的明白了吗？对于这种不安全的理解与感知，便是关于安全的全部行为。

西：我可以明白这是全部的行为。

克：不，这依然只是一种理念。

西：是的，你是对的。我开始懂得，这整个结构便是我看待世间万物的方式——对吗？我开始明白，她，我的妻子，我开始明白这些人——他们使自己去适应这一结构。

克：你通过你对他们所怀有的形象来看待他们，看待你的妻子。

西：没错，通过他们所起的作用。

博：他们同你的关系，是的。

克：正是。

西：没错，这便是他们所起的作用。

克：图像、形象、结论，便是安全。

西：对的。

博：是的，可为什么它所呈现的样子看起来会是如此的真实呢？我发现存在着一种在持续运作的思想、一种过程……

克：你是在问为什么这种形象、这种结论看起来会是这般真实吗？

博：是的，它似乎就真实地立于眼前，一切都是关于它的。

克：比大理石、比群山更为真实。

博：是的，比任何事物都真实。

西：比任何事物都要真实。

克：为什么？

西：很难说为什么，因为它给予了我安全。

克：不，要比这更为深刻。

博：因为，假设从抽象的、理念的层面上来说，你可以明白一切都无安全可言。我的意思是，仅仅是以专业的、抽象的眼光来审视它。

西：这是本末倒置。

博：不，我只是在说，假如这是某个简单的事情，那么，在这么多证据的情形之下，你就已经接受它了。

西：没错。

博：但是当提到这一问题的时候，似乎没有任何证据可以起作用。

西：的确，看起来没有任何事物可以发挥作用。

博：然而，自我以及我的安全看上去是如此的真实，于是便会有某种反应,这种反应似乎在说:嗯,这或许是可能的。可实际上它只是话语而已。真实的事物便是"我"。

西:可是并不止于此。为什么它会有如此的力量呢?我的意思是,它看起来具有如此的重要性。

博:嗯,或许。然而我所说的是,真实的事物便是"我","我"是首要的。

西:这一点是毋庸置疑的。"我"——"我"是重要的。

克:这是一种理念。

博:我们可以抽象地将其仅仅看作是一种理念。问题在于,你怎样去闯入这一过程之中呢?

克:我认为我们仅仅通过感知便能够侵入它、突破它或者超越它。

博:难题在于,我们所谈论的一切都是在理念的形式之中。它们或许是正确的理念,但它们不会闯入其间的。

西:没错。

博:因为这主导了整个的思想。

西:正是如此。我的意思是,你甚至可以询问我们为什么会在此处。我们之所以在这里,是因为我们希望……

克:不,先生。想一想吧,假如我觉得我的安全存在于某种我所怀有的形象之中,存在于某个图像、符号、结论或者理想之中,那么我便不会将其看作一个抽象之物。你知道情形就是如此。我相信某物,确信无疑,于是我问道:为什么我会相信它?

博:嗯,你真的会如此吗?

克:不,我并不会真的如此,因为我没有任何信仰。我并不怀有任何形象,我不会参加这些游戏。我是说"如果"。

西:如果,没错。

克:那么我会将这一被抽象的事物变成一种可以被感知的实在。

西:去审视我的信仰,是这样吗?

克:去审视它。

西:审视我的信仰,没错,审视一下处于活动之中的"我"。

克:是的,假如你愿意这么去做的话。先生,稍等一下。举一个简单的例子,你怀有对于某事物的一个结论或一个概念吗?

西:是的。

克:现在等一会儿。这是如何产生的呢?举一个简单的例子——诸如"我是英国人"这一概念。

博:困难在于,我们可能不会感觉同这种概念有关联。

克:好的。

西:让我们举一个对我而言真实存在的例子吧。比如我是一名医生这个例子。

克:一个概念。

西:这是一个概念、一个结论,它基于你所受的训练、你的经历以及你对工作的享受。

克:这意味着什么呢?一名医生意味着——这一结论意味着他有能力去从事某些活动。

西:没错。让我们就举这个具体的例子吧。

克:探究一下吧。

西:所以现在我拥有了这一具体的事实,即我接受过有关行医的训练，我从这份工作里获得了乐趣，我从中得到了某种回馈……

克：是的，先生。继续下去。

西：好的。现在这便是我的信念。"我是名医生"这一信念是建立在所有这一切的基础之上的，建立在这一概念的基础之上的。

克：正是如此。

西：好的。我展开持续的行动，以便使这一信念得以继续下去。

克：是的，先生，这是可以被理解的。因此你有了一个结论，你有了一个概念，即你是一名医生。

西：没错。

克：基于知识、经验以及日常活动。

西：的确。

克：乐趣以及其他。

西：正是。

克：所以这里面什么是真实的？什么是真正存在的？所谓真实，意味着切实存在。

西：嗯，这是一个很好的问题。什么是实在的？

克：等等。这里面什么是真实的？你所受的有关行医的训练。

西：没错。

克：你的知识。

西：的确。

克：你的日常活动。

西：是的。

克：就这些，其余的便是结论。

博：然而其余的是什么呢？

克：其余的便是：我要比其他的某个人更为优秀。

博：又或者这件事情将会使我以一种很好的方式来忙碌着。

克：以一种很好的方式。我永远不会孤独。

西：没错。

博：可这难道不同样有着某种恐惧吗？担心假如我不这样的话，那么事情就会变得很糟糕。

克：当然。

西：的确。

博：这种恐惧似乎刺激着我……

克：当然。假如没有病人登门……

博：那么我就会身无分文，于是心生恐惧。

克：倍感恐惧。

西：无事可干。

克：所以会感到孤独，所以会让自己处于忙碌的状态。

西：忙着干这干那。好的。你是否意识到，对于所有人来说，使自己有事可忙是多么的重要吗？

克：当然，先生。

西：你是否理解了其中的要义呢？

克：当然。

西：对人们来说，有事可干是何等的重要啊！我可以看到他们终日里东奔西跑着。

克：先生，一个家庭主妇是忙碌的，假如不这样忙碌的话，她会说：

"请……"

博："我该做些什么呢？"

西：我们知道这是一个事实。自从我们将各类电器搬进了屋子里以后，妇女们便开始抓狂，因为她们将不知道如何打发自己的时间了。

克：而这个结果便是对孩子们的影响——现在我们不谈论这个。

西：没错，好的，让我们继续。

克：这种忙碌是一个抽象的概念呢，还是实在呢？

西：这是一种实在。我确实在忙碌着。

克：不。

博：那它是什么呢？

克：你真的在忙碌着吗？

西：是的。

克：每天？

博：嗯，你所谓的忙碌真正指的是什么呢？

西：你的意思是什么？

博：嗯，我可以说我真的是在忙于这些工作——这是很清楚的。我的意思是，我作为一名医生在接待病人。

西：你在做着你的事情。

博：我在做着我的事情，得到我的报酬，诸如此类。对我而言，忙碌似乎具有一种心理上的意义。我曾经在电视上看到过这样一个例子：一位妇女精神上倍感困扰，这一状态从她所做的脑电图上反映出来。可是当她忙于做算术题的时候，脑电图就会变得极为顺畅平稳了；而当她停止解算术题时，脑电图又开始波动混乱起来。因此她不得不一刻不停地去做某事,以便能够让头脑正常运作。

克:这意味着什么呢?

博:嗯,这个究竟指的什么意思呢?

克:一种机械的过程。

西:正是。

博:似乎头脑会四处跳跃,除非它有事可忙。

克:似乎头脑必须不断有……

博:有东西占据着。

克:所以你已经将自己简化为了一部机器。

西:不要这么说!不,这不公平。但这却是事实,我的意思是,我感觉有一种机械的……

克:……反应。

西:哦,是的,我承认。

克:当然。

博:可是为什么当头脑不被某件事情所占据时,它就开始变得如此疯狂呢?这似乎是一种普遍的体验。

克:因为在忙碌中存在着安全。

博:存在着秩序。

克:秩序。

西:在忙碌中存在着一种机械的秩序。

博:没错。所以我们认为,我们之所以寻觅安全,实际上是出于对秩序的渴望,是这样吗?

克:正是如此。

博：我们渴望头脑之内的秩序。我们希望能够将这种秩序投射到未来，投射到永远。

西：的确。可是你会说你能够通过机械的秩序得到它吗？

博：尔后你会对它感到不满意，你会说："我厌倦了这种机械的生活，我渴望某种更为有趣的事物。"

克：这正是精神导师之所以会出现和流行的原因了。

博：尔后事情会再一次走向疯狂，这种机械的秩序不会令其感到满足，它只能暂时地起到作用。

西：我不喜欢事情就这样溜走，我们从一件事情转向另一件事情，我为了得到满足而工作。

博：我在寻找某种良好的、有规律的秩序，你明白了吗？我认为我可以通过我的医生工作来获得这种秩序。

西：是的。

博：然而不久之后我又会开始感到它是这样的单调和重复，于是我便心生厌倦。

西：对的。但是假设这种情形并不会发生呢？假设有些人始终对其工作感到满足呢？

博：嗯，他们并不会真的如此的。我的意思是，尔后他们会变得麻木。

克：没错，机械的生活，而当你停止这种机械性的时候，头脑又会开始疯狂起来。

西：正是如此。

博：对。所以他们可能会觉得自己有些麻木了，他们渴望某些娱乐，或者某些更为有趣和令人兴奋的事情。因此便会有矛盾存在,便会有冲突和混乱出现。

克:先生,西恩博格医生在问是什么令他困扰。

西:你说得没错。

克:是什么扰乱了你呢?

西:嗯,它是这种感觉,即人们会说……

克:不,你说,你。

西:我们不妨可以这么说,我能够通过让自己忙于我所喜欢的某件事情来获得这种秩序。

克:继续,继续说下去。

西:我做着某件我所喜欢的事情,尔后它开始让人感到厌倦,抑或它可能是重复性的。不过接下来我将发现有关它的一些新鲜的方面,于是我便会多做一些,因为这给予了我愉悦,你知道。我的意思是,我从中获得了一种满足。

博:没错。

西:因此我继续做得更多。

克:你从一个机械的过程移开,对其感到厌倦,然后移向另一个机械的过程。

西:正是如此。

克:然后再一次心生厌倦,尔后再继续新的过程。

西:就是这样的。

克:你把这个叫作生活。

西:这便是我所谓的生活。

博：我发现难题在于，我现在努力要去确信我能够继续做这件事情，因为我总会设想未来我将不能够再做这件事情了。到时候我可能过于老迈，无法从事它了，又或者我将失败，我将失去我的工作或其他某物，所以我在这种秩序中依然感到不安全。

克：从本质上来说，它是一种机械的无序。

西：它为自己戴上了秩序的面具。

克：现在，稍等一下。你明白了吗？又或者它依然只是一种抽象概念呢？因为你知道，正如博姆博士所告诉你的那样，思想意味着觉察，其原初的含义便是觉察。你是否觉察到了这一点呢？

西：是的，我明白了。

博：接下来的问题便在于，你被驱使着如此，是因为你对头脑的不稳定深感恐惧吗？假如你之所以做某件事情，是因为你努力想要逃离头脑的不稳定，那么这便已经是一种混乱与无序了。

西：是的，是的。

博：换言之，这仅仅是在掩饰无序。

西：是的。嗯，那么你是指这是头脑的自然的无序吗？

博：不，我是说不为某些事情所忙碌、所占据的头脑，易于走入无序的状态。

克：在一种机械化的过程里，头脑会感到安全，当这一机械化的过程被干扰的时候，它便会觉得不安全，便会觉得被扰乱。

西：尔后又会陷入机械性的过程之中。

克：一而再，再而三，循环往复。

西：它永远不会与不安全同行。

克：是的。当它感知到这一过程时，它依然是机械性的，因此便会有无序产生。

博：问题是，为什么头脑会陷入这种机械性之中呢？

克：因为它是最安全、最可靠的生存方式。

博：嗯，看起来是如此，然而实际上它非常……

克：不是看起来，暂时就是这样子的。

博：暂时是，但最终则不会。

西：你是说我们为时间所束缚、所限定吗？

克：不，我们是被我们的传统、我们所受的教育、我们生存于其间的文化所限定，于是便会机械性地运作。

西：我们总是习惯于采取简单的方式。

克：简单的方式。

博：头脑在一开始的时候犯了一个错误，我们不妨说"这更为安全"——然而不知何故它并没有能够明白自己犯了错，相反它坚持这一错误。开始的时候，你可能称其为一个无心之失，它声称："这看起来更加安全，我将遵从它。"于是它便继续处于这种机械性的过程之中而未能明白这是错误的。

克：你是在问：为什么它不懂得这一机械性的过程从本质上来讲是无序的呢？

博：它从本质上来说是无序和危险的。

克：危险的。

博：它完全是一种错觉和欺骗。

西：为什么就没有某种反馈呢？换句话说，我做了某件事情，而结果被证明是错误的。我应当认识到这一点的。为什么我没有发现我的生活是机械性的呢?

克:等等。你明白了吗?

西:可是我并没有。

克:稍等一下。为什么它是机械性的呢?

西:嗯,它之所以是机械性的,是因为它全部是行动和反应。

克:为何它是机械性的呢?

西:它是重复性的。

克:它是机械性的。

西:它是机械性的。我希望它是简单的,我感觉它给予了我最大的安全以保持它的机械性。我有了一条分界。它之所以是机械性的,是因为它是重复性的……

克:你并没有回答我的问题。

西:我知道我没有!我不能确定你的问题是什么。

克:为什么它会变成机械性的?

西:为什么?

博:为什么它保持着这种机械性?

克:为什么它会变成并且保持这种机械性?

西:我认为它保持这种机械性……这是我们一开始所谈及的问题。

克:不,努力探明一下。为什么它会保持这种机械性?

西:是什么使得我们接受了这种机械性的生活方式?我不确信我能够回答这一问题。

克:好好想一想。你难道不会感到恐惧吗?

西：我会发现存在着某种不确定性。

克：不，不。假如一个人所过的机械性的生活突然停止了，那么你难道不会感到惊恐吗？

西：会的。

博：难道不会有某种危险吗？

克：当然会有。危险在于，事物可能……

西：……瓦解。

克：……瓦解。

西：要比这更为深刻。

克：等等，探明一下，来吧。

西：我之所以会感到恐惧，并非是因为有某种真实的危险存在，而是感觉似乎事物对人具有一种可怕的、无时无刻不在的影响。

克：不，先生。完全的秩序将会提供彻底的安全，不是吗？

西：是的。

克：头脑渴望完全的秩序。

西：没错。

克：否则它便无法正常运行。因此它就接受了这种机械性，希望它不会走向灾难，希望它将在这里面寻到秩序。

博：你能否说，或许头脑在一开始的时候接受了这种机械性，并不知道这将会带来混乱与无序——即它是在一种无辜的状态下进入到这种机械性之中的呢？

克：是的。

博：而现在它被困在了这个陷阱之中，不知何故，它保持了这种混乱与无序，它不希望从中解脱出来。

克：因为它害怕更大的无序。

博：是的。它会说，我所建立起的一切可能都会瓦解。换句话说，此时的我与最初走进陷阱里时的我并不处于同一情境之中，因为现在的我已经建立起了一个庞大的结构，我害怕这一结构将走向瓦解。

克：是的，然而我努力想要了解的是，头脑需要这种秩序，否则它就无法运作。它在这种机械性的过程中找到了秩序，因为它从孩提时代开始便接受训练——训练着去做你被告知的事情，诸如此类。于是从一开始就被训练着去过一种机械性的生活。

博：与此同时还会恐惧放弃这种机械性。

克：当然，当然。

博：换言之，你一直认为，倘若没有这种机械性，那么一切都将会瓦解，尤其是头脑。

克：这意味着，头脑必须具有秩序，并且以这种机械性的方式来找到秩序。现在你该明白了这种切实存在的、机械化的生活方式会走向无序吧？这便是传统。假如我完全活在过去，而我认为过去是非常有序的，那么将会发生些什么呢？我已经丧失了生命的活力，我无法面对任何事情。

西：我始终在重复自己，对吗？

克：因此我说："请不要扰乱我的传统！"每一个人都会说："我已经发现了某种能够给予我秩序的事物，比如某种信仰、某个希望、这个或那个，所以不要来干扰我。"

西：没错。

克：而生活是不可能不去对他加以干扰的，尔后他就会感到惊恐，于是建立起了另一个机械性的习惯。现在你理解了这整件事情了吗？因此便会有立即的行动来将其完全清除，于是就会有秩序出现。最后头脑说道，我拥有了秩序，这种秩序是绝对无法被摧毁的。

博：探究一下吧。

克：我认为，只有当你感知到了头脑所生发、培育以及依附的这种机械性的结构时，我们才能够对其加以探究。

西：我能够同你分享一下我对你所谈的内容的理解吗？我是这么看的，请不要太快对我感到不耐烦。以下便是我的理解：我脑子里闪现出来的是人与人之间的各种交流。他们谈话的方式，我与他们在聚会上交谈的方式。所谈的全是关于之前发生的事情。你发现他们告诉你说他们是谁，而依据则是他们的过去，我能够由此预见到他们将会怎样。就像一个家伙说道："我刚刚出版了我的第十三本著作。"对于他来说，让我知晓这一信息是极为重要的。我意识到了这一点，而且我也察觉出这一精心建立起来的结构。这个家伙脑子里的念头是，我将会想到他出版了这些著作。尔后他会去到他的大学，而那些大学里的师生们也将会想到有关他著作等身这一信息。他一直就像这样在生活着，这整个的结构可谓是煞费苦心——对吗？

克：你是这么想的吗？

西：我当然是这么想的！而且我在我们所有人的身上都看到了这一结构。

克：然而你是否明白这种支离破碎的行为是一种机械性的行为呢？

西：没错，克里希那穆提，我们就是这样子的。

克：因此政治行为永远无法解决人类的任何问题。科学家也无能为力——因为他是另一块碎片。

西：然而你是否认识到了你所说的呢？让我们真正审视一下你所说的吧。生活便是这样子的。

克：没错。

西：没错，这就是生活。年复一年，日复一日……

克：所以你为什么不去改变它呢？

西：可这就是生活的面目啊，我们就是生存在这种体系结构、生活在我们的历史、我们的机械化之中的，这便是我们的生存方式。

克：这意味着说，当过去与现在相遇并且在这里终结时，会有一种迥异之物出现。

西：是的。然而过去并不会经常性地同现在相遇的。我的意思是……

克：我是指它现在就在发生着。

西：现在，是的。我们现在就在谈论着它。

克：所以你能够在这里停住吗？

西：我们应该将其彻底弄明白。

克：不。事实、简单的事实。过去与现在相遇，这是一个事实。

博：我们不妨这么问，过去如何与现在相遇呢？让我们来一探究竟吧。

西：过去怎样同现在相遇呢？

博：嗯，简要来说，我认为，当过去与现在相遇时，过去便停止行动了。这意味着说，思想停止了运作，如此一来秩序便会出现。

西：你认为是过去遇见现在呢，还是现在遇见过去呢？

克：你是怎么同我相遇的呢？

西：我与你面对面地相遇。

克：不，我是说你是怎样遇见我的？带着所有的记忆、所有的形象、名望、词语、图像、符号——带着这一切，而这一切便是所谓的过去，于是你在此时同我相遇了。

西：没错，没错。我来到你面前，带着……

克：过去同现在相遇。

西：然后呢？

克：在此处止步，不再向前移动了。

西：它能够停止吗？所谓过去与现在相遇究竟指的是什么呢？这一行为是什么呢？

克：我来向你说明一下。我带着过去、带着我的记忆同你相遇，但与此同时你却可能发生变化了。因此我永远没有遇见你，我是带着过去在同你相遇。

西：的确，这是一个事实。

克：这是事实。现在，假如我没有让这一运动继续……

西：但是我有。

克：当然你有，可是我认为这便是无序，那么我就不能够同你相遇了。

西：没错。你是怎么知道这一点的呢？

克：我并不知道，我只知道一个事实，那便是，当过去遇见现在并且继续的时候，它就是时间、运动、束缚和恐惧等的要素之一。假如当过去与现在相遇的时候，一个人看到了这一点，完全意识到了这一点，彻底察觉到了这一运动的话，那么它便会停止了。于是我就仿佛是第一次同你相遇一般，会有某种新鲜的事物存在，这就犹如一朵崭新的花儿在绽放。

西：是的。

克：我认为今天下午我们将继续探讨下去，我们还没有真正抓住这一切的根源，所有这些扰乱、这些困惑、艰辛与焦虑的根源。

博：为什么头脑会处于这种疯狂的无序之中呢？

克：我知道，疯狂。你、作为医生和分析家的西恩博格先生，你们必须要询问这一基本的问题——为什么？人类为什么要以这种方式来生活？

对话3　改变生存之道（5月18日下午）

克里希那穆提：我们要接着从上次停下来的地方开始吗？我们正在询问的是：为什么人类要以这种方式来生活？

西恩博格医生：其根源何在？

克：在这一切的背后，是混乱、困惑、冲突与暴力。有许多人提供了各种解决这些问题的方法——全世界的上师和牧师，成千上万的书籍，每个人都在提供一种新的解决之道、新的方法、新的解决问题的途径。我确定这一情形已经持续了一百万年之久了。"做这个，你会好的。做那个，你会没事的。"然而迄今为止似乎并没有任何事物能够成功地让人类生活在有序、快乐与理性的状态中，而不会再有这种混乱和无序的行为发生。为什么我们人类要以这种方式来生活呢——活在这种令人惊骇的苦难之中呢？为什么？

西：嗯，我经常说，他们之所以如此，是因为这些悲哀、混乱与问题本身给了他们一种安全感。

博姆博士：我并不这么认为，我觉得人们只是习惯于这样。无论发生的是什么，你对此习惯了，那么过一阵子你就会开始怀念起它来，仅仅是因为你习惯于此。但是这并没有解释为何这种情形会存在。

克：有天我读到了这样一条信息：在五千年之中已经爆发了五千场战争——而且我们依然在继续这种状态。

西：没错。曾经有个人对我说，他希望去越南打仗，因为假如不这么做的话，他的生活就是每晚泡在酒吧里虚度光阴。

克：我明白，可这并不是理由。难道是因为我们喜欢这种生活方式吗？

西：并不是因为我们喜欢如此。

克：我们全都变得神经质了吗？

西：是的。

克：你是这么看的吗？

西：对，整个社会都是神经质的。

克：这是否意味着，整个人类都是神经质的呢？

西：我是这么认为的。这便是我们一直以来所争论的问题：社会是病态的吗？假如你说社会是病态的，那么你是使用什么价值观来比较的呢？

克：你自己，其实你也是神经质的。

西：的确。

克：所以，当你面对如下的事实，即人类是以这种方式来生活的，并且已经接受了这种生存方式长达数千年之久，那么你会说："嗯，他们全都疯了——精神错乱，从头到脚都已腐烂。"然后我出现了，询问说为什么会这样？

西：为什么我们会继续这种生活方式呢？为什么我们会如此疯狂？我在我的孩子们身上看到了这种状态，他们一周花费五十个钟头待在电视机前面，这便是他们生活的全部。我的孩子们嘲笑我的疑问，声称他们所有的朋友都是如此。

克：不，继续向前、向更深刻的原因推进——为什么会如此？

西：为什么？没有为什么。

克：不，并非没有为什么。

西：我们就是这样陷入这种生活方式之中的。

博：不，这是极为次要的原因。你知道，正如我们今天早上所说的那样，我认为我们依赖这种生活方式来让自己忙碌，战争似乎是某种将我们从酒吧的无聊中释放出来的手段，但这只是次要的原因。

克：还有，当我前去打仗的时候，我身上所背负的所有责任和义务便都可以卸下了，将会由其他的某个人来担负这些责任……

西：的确。

博：在过去，人们习惯于认为战争是一件光荣的事情。当第一次世界大战在英国爆发的时候，每一个人都处于一种极度兴高采烈的状态。

克：因此，审视一下这一恐怖的景象吧——我之所以对其感觉强烈，是因为我周游各地，我发现这种奇特的现象在世界的各个角落都在上演着——于是我问道："人们为什么会以这种方式生活，为什么会接受这病态的一切？"我们已经变得愤世嫉俗起来。

博：没有人相信会有任何事物能够改变这一切。

西：正是如此。

克：这难道是因为我们觉得自己无法做些什么来改变这种状态吗？

西：这是可以肯定的。

博：这已经是老生常谈了，人们说人类的本性……

克：……无法被改变。

博：是的，这根本不是什么新鲜的观点了。

克：的确不新鲜了。

西：但这却是千真万确的，即人们感觉——让我们不要说"人们"——我们感觉，就像我今天早上所说的，感觉这就是我们的生活方式。

克：我知道，可为什么你不去改变它呢？你看到你的儿子耗费五十个小时来看电视；你看到你的儿子出发去打仗，他可能会战死沙场，即便侥幸没死也难免会缺胳断腿、失明耳聋——那么你为什么还不去改变这一切呢？

博：许多人都曾说过，他们不接受人的本性便是这样子的，于是他们试图去改变这一切，但结果却是徒劳。共产主义者们尝试过，其他人也尝试过。有了太多类似的糟糕的经历，而这一切都使得有关人类的本性是不会改变的这一观念变得更为牢固了。

西：你知道，弗洛伊德的出现谱写了历史的新篇章，因为他从来不会说心理分析师旨在改变人，他说我们只能够去研究人。

克：我对此没有兴趣，我知道这个。我不必去阅读弗洛伊德的著作，又或者荣格、你或其他任何人的书，这一事实就摆在我的面前。

西：的确如此。让我们不妨说，我们知道这一关于人类的事实，他们没有设法去改变。

克：所以是什么妨碍了他们去改变呢？

博：人们在许多事情上都尝试过改变，但是……

西：好吧，可是现在不妨让我们说他们没有设法去改变。

克：他们尝试过，他们以各种方式尝试过改变。

西：没错。

克：然而从本质上来说他们并没有改变，还是一样的。

博：你知道，我认为人们无法探明怎样去改变人类的本性。

克：是这样吗？

博：嗯，无论尝试过怎样的方法，全都是……

西：真是这个原因吗？又或者原因在于这样一个事实，即他们希望去改变的方式，其本质便是该过程本身的一个部分呢？

博：不。

克：这就是他所说的。

博：不，但我这两方面都说了。我说的第一个方面便是，无论人们怎样尝试，都不是在一种对于人类本性的正确理解的引导之下。

西：所以它是被这一过程本身所引导的吗？对不对？被这种错误所引导？

博：是的，让我们引用马克思主义者的话，即人类的本性能够被提升，然而只有当整个的经济和政治结构被改变的时候，这一情形才会发生。

克：他们曾试图去改变，但是人类的本性……

博：……他们无法将其改变，你知道，因为人类的本性便是如此，以至于他们无法真的去改变它。

西：他们带来了一种机械的改变。

克：审视一下该问题吧，先生，就以你自己为例——很抱歉涉及个人——但假如你不介意的话，以你为例，你是一个牺牲品。

西：夹在争论双方中间的人。

克：没错。你为什么不去改变呢？

西：嗯，我对此的直接感觉便是，仍然存在着……我猜想我将不得不说，存在着某种虚假的安全——破碎，以及从碎片中所得到的即时的欢愉。换句话说，仍然存在着破碎化的运动。这便是为何会出现没有改变的状态，因为没有看到整体。

克：你是说，政治行为、宗教行为、社会行为全都在彼此交战吗？我们就是如此。

西：没错。

克：你是这样看的吗？

西：是的，我是这么认为的。我的直接反应是：为什么我不去改变呢？是什么使得我无法看到整体呢？我不知道。我始终有一种感觉，觉得我从这种不改变中获得了些什么。

克：希望去改变的就是这一实体吗？——该实体确立了改变的模式，因此这一模式在不同的颜色之下总是相同的。我不知道我是否将自己的观点阐释清楚了？

西：你可以用其他方式予以说明吗？

克：我希望有所改变，于是我计划要改变些什么，以及怎样去带来这种改变。

西：的确。

克：计划者总是相同的。

西：没错。

克：然而模式却变化了。

西：是的，正是如此。我对于我所希冀的事物怀有某种形象。

克：所以模式变化了，但是"我"——这个渴望去改变的"我"却创造了改变的模式。

西：没错。

克：因此我是陈旧的，模式却是崭新的，然而旧的总是会征服新的。

西：是的。

博：然而当我这么做的时候，我不会感觉我是陈旧的……

克：……当然。

博：我真的不觉得我与那个我所希望去改变的陈旧事物有关。

克：这已经被说过成千上万遍了。做这个，你就会有所转变。你试图去这么做，但核心总是同样的。

博：每个这么做的人都感觉它此前从来没有发生过。

克：此前从来没有过，是的。通过阅读某本书，我的体验是截然不同的，但体验者却是相同的……

博：同一个陈旧的事物，没错。

克：我认为这便是根本的原因之一。

西：是的，没错。

博：这是一种把戏，把造成麻烦的事物当成了力求造成改变的事物。这是一个骗局。

克：我一直通过声称我打算改变这个抑或变成那个来欺骗我自己。你阅读某本书，然后说道："这真是太正确了，我打算依照这上面所说的来生活。"然而这个打算据此来生活的"我"，与过去的那个我却是相同的。

西：是的，没错，的确如此。我们能够以病人为例来说明一下。例如，病人会说，医生便是那个将会来帮助我的人。可是当我明白，医生……

克：……就像我一样。

西：……就像我一样，他将无法提供帮助，尔后病人便会去找其他某个人——他们大多数人都会去找另一个人来进行治疗。

克：另一位精神导师，可惜他们也都是人类，一个新的导师或者一位旧的导师——全都是一样的，全都是陈旧的事物。

西：你真正触及了问题的核心，即根源在于相信某个事物、某个人能够对你予以帮助。

克：不，根源依然是相同的——我们只是在旁枝末节上下功夫。

博：我认为根源是某个我们没有察觉的事物，而我们则误以为根源在于某个应该有所查明的人身上。

克：是的。

西：换种方式来说明一下。

博：这是一种变戏法的诡计。我们之所以没有能够探明根源，是因为误以为正在寻找根源的某个人便是根源所在。我不知道你是否明白了我所说的。

克：是的，根源声称："我正在寻找根源。"

西：正是如此。

博：这就犹如某个戴着眼镜的人说他正在寻找自己的眼镜一样。

西：又或者就像这个苏菲派的故事一样——你知道这个故事吗？——一个人正在寻找他所丢失的一把钥匙。苏菲走了过来，发现这个人正在灯柱下面爬来爬去，于是问道："你在做什么？""我在找我的钥匙。""你是在这儿丢的吗？""不，我是在那边掉的，但是这里的光线更充足一些。"

博：我们在另一边打开了灯。

克：是的，先生。所以，假如我希望有所改变，那么我就不应该去遵从任何人，因为他们全都是一伙的。我不会接受任何的权威，因为，只有当我的内心困惑不安时，当我处于混乱与无序中时，权威才会出现。

西：没错。

克：所以我说，我能够在这一根源处彻底改变吗？

博：让我们审视一下这个问题：似乎语言里存在着混乱，因为你在说"我"。

克：语言里有混乱，我知道。

博：你说："我打算改变"，你所谓的"我"指的是什么似乎并不十分清楚。

克："我"即根源。

博：既然"我"就是根源，那么"我"如何能够改变呢？

克：这便是整个问题的要义所在。

博：你察觉到了语言的混乱，因为你说："我必须要在根源处改变"，然而"我"就是根源本身。所以将会发生些什么呢？

西：将会发生什么，是吗？

克：不，不。我怎样才能不是"我"呢？

博：嗯，你这么说是什么意思呢？

西：我怎样才能不是"我"呢？让我们稍稍回溯一下。你声称你不打算接受任何的权威。

克：谁是我的权威呢？谁？他们全都告诉我说："做这个、做那个；读这本书，你将会发生改变；遵照这个方法，你将会有所变化；使你自己与神认同，你将会改头换面。"然而我依然是此前的那个我——处于悲伤、痛苦与混乱之中，寻求着帮助，我选择最适合于我的帮助。人们已经尝试了无数种方法来试图改变自身：对其予以奖赏、对其进行惩罚、对其加以鼓励。然而这一切全都是徒劳，没有任何事物曾带来过这种奇迹般的改变，这是一种奇迹般的改变。

西：这将会是一种奇迹般的变化。是的，一定是。

克：真实的情形便是如此。所以，由于明白了这一点，于是我便抵制所有的权威，这是一种理性的、明智的抵制。现在我该怎么继续下去呢？我已经活了五十年。什么是正确的行为呢？

西：假如每个人都说："我无法帮助你，你必须自己来做这件事儿，审视一下你自己。"那么你就会开始行动起来。这里有个人说道："我有点儿神经质，我不会求助于其他有精神问题的家伙来使我心智健全。"那么他会做些什么呢？他不会接受任何的权威，因为所谓的权威正是由于他的混乱与失衡才被制造出来的。

博：嗯，这便是单纯地寄望于他人来告诉自己该怎么办。

克：是的。

博：因为我感觉这种混乱对于我来说实在是难以承受，于是我便假设其他某个人能够告诉我该怎么去做，而这一切便是源于这种混乱与困惑。

西：是的，正是混乱与无序制造出了权威。

克：我在学校这里一直在强调说：假如你行为适当，那么就不会有任何的权威。我们所有人都认可的行为——守时、整洁、这个或那个。如果你真的明白了这一点的话，你就不会有任何的权威了。

西：是的，我明白。我认为这便是关键所在，即正是这种混乱与无序制造出了对于权威的需要。

博：实际上它并没有制造出对于权威的需要，它只是在人群之中制造出了这样一种印象，即他们需要权威来纠正这种无序。这么说会更加确切一些。

克：所以让我们从这里开始吧。在对权威的抵制中，我开始变得心智健全起来。我说，现在我知道自己是神经质的，那么我该怎么做才好呢？我生活中的正确行为究竟是什么呢？我能否发现——自己是病态的呢？

西：没错。

克：我不能够。所以我不会去问什么才是正确的行为——现在我会说："我能否使自己的心智从这种神经质的状态中解放出来呢？"这是可能的吗？我不会去往耶路撒冷，我不会去往罗马，我不会去找任何医生。因为我现在非常认真，我之所以会如此认真，是因为这是我的生活。

博：你不得不如此认真，因为你感到一股想要逃离的巨大压力……

克：我不会。

博：……你是不会，但我说的是，当一个人处在这个关节点上时，会感到一种想要逃离的强大压力，会说这一切太难以承受了。

克：不，不是这样的，先生。你知道会发生……

西：会发生什么？

克：……当我抵制权威的时候，我便拥有了足够多的能量。

博：是的，假如你去抵制权威的话。

克：因为我现在正全神贯注于凭借自己的力量去有所发现，我不会去求助其他任何人。

西：的确如此。换句话说，我必须要真的去对我的本来面目抱以开放的姿态,这便是我所领会的全部要义。

克:因此我将怎么做呢?

西:当我真正对自己的本来面目抱持开放姿态的时候?

克:不是开放。我在这里,一个被困在所有这一切中的人就在这里,那么他该怎么做呢?——抵制所有的权威,知道社会规范是不道德的……

西:于是便会有剧烈的改变……

克:不,告诉我,告诉我——你是一名医生,请告诉我该怎么做。

西:没错。

克:因为你不是我的医生,你不是我的权威。

西:是的。

克:你无法告诉我该怎么做,因为你自己本身也是困惑的。

西:的确。

克:所以你没有权利告诉我该做些什么。因此我以朋友的身份来到你身边,并且说让我们来一探究竟吧。因为你很认真,我也认真。让我们来察明如何……

西:……我们可以一起工作。

克:不,不,请注意,我没有在同谁一起工作。

西:你不打算一道工作吗?

克:是的,我们是在一同探究,而一起工作则意味着合作。

西:的确。

克:我没有在与谁合作,我认为你与我是一样的,所以我们拿什么来合作呢?

西：为了协同性地探究。

克：不，因为你与我是相似的，同样困惑、痛苦、不快和神经质。

西：没错，确实如此。

克：所以我说，我们如何能够协作呢？我们只可能在神经质方面进行合作。

西：的确如此。因此我们该怎么做呢？

克：所以我们能够一起探究吗？

西：假如我们都是神经质的，那么我们如何能够一起探究呢？

克：我打算首先来探究一下我在哪些方面是神经质的。

西：好的，让我们来审视一下吧。

克：是的，探究一下。我，或者其他某个人，他来自纽约、东京、德里、莫斯科或者其他某个地方，在哪些方面是神经质的呢？他说道："我知道我是神经质的，世界的领袖们是神经质的，我是世界的一部分——我即世界，世界即我——所以我无法求助于任何人。"你明白了吗？

西：这使得你必须直面这一切。

克：这给予了你一种巨大的真实感。

西：没错。

克：那么我能够——我是一个人类——我能够察觉到我自己的神经质吗？有可能意识到我的神经质吗？什么是神经质呢？是什么使得我变得神经质了呢？是加于我身上的所有这些事情，是塑造了我的这一切。那么我的意识能够清空掉所有这一切吗？

西：你的意识便是思想。

克：当然。

七篇对话 | 67

博：只是如此吗？

克：我暂时将其限制于此。

博：这是我的意识。我的碎片的激增、我的思想的激增，便是我的神经质。对吗？

克：当然。这是一个很大的问题，你明白吗？我能否领悟这一切，能否察觉到这一切呢？开始于五百万年或者一千万年之前的人类的意识，带着被加于自己身上的所有这一切，一代又一代、一代又一代，从起初直到现在，能否领悟到这一切，能否察觉到这一切呢？你能够吗？

西：你能否领悟到这一切——有关这一点并不清楚。你怎样才能够察觉到呢？

博：似乎这里存在着一个语言上的问题。你如何能够察觉到它呢？

克：等一会儿我就向你说明，我们将一探究竟。

博：我的意思是，阐述这一点存在着困难。

克：我知道，词语是错误的。

博：是的，词语是错的。所以我们不应当照字面意思来理解这些词语。

克：不要太拘泥于字面含义了，当然。

博：我们能否说这些词语可以被灵活地运用呢？

克：不，词语并不重要。

博：但是我们正在使用这些词语，而问题在于，我们怎样去理解它们呢？你知道它们在某种程度上是一种……

克：……一种妨碍，而且……

博：……从某种意义上来说是理解我们所谈内容的一条线索。在我看来，词语使用上的一个困难，便是我们理解它们的方式，我们将其理解为某种非常确定的事物。

克：那么，你能够在没有词语的情形下察觉到这一点吗？这可能吗？词语不是问题，词语是一种思想。作为一个人，我意识到我自己是神经质的——所谓的神经质，指的是我相信我生活在结论和记忆之中，而这便是神经质的过程。

西：在词语层面。

克：在词语层面。词语、图像以及真实。我相信某物，我的信仰是非常真实的；它或许是一种幻觉——所有的信仰都是幻觉，但由于我是如此坚信不疑，因此它们于我而言便是真实的。

博：的确如此。

克：所以我能够察觉到该信仰的本质吗？能够意识到它是如何产生的吗？你能够察觉到你怀有某种信仰这一事实吗？无论你的信仰是什么，是相信神、国家或是其他任何事物。

西：然而我相信它是真实的。

克：不，不。你能够审视一下这一信仰吗？

西：存在着某种信仰，但却并不是一种真实。

克：啊，不。当你相信它的时候，它对你而言便是一种真实。

西：没错，但假如我真的相信它的话，那么我将如何去审视它呢？我声称神是存在的，而你则告诉我说去审视一下我对于神的信仰。

克：为什么你会相信呢？是谁要求你去相信的？神的必需性何在？不是因为我是一个无神论者，我只是在向你询问。

西：假如我相信的话，那么神对于我来说便是存在的。

克：于是就不会有任何的探究了，它已经停止了，你已经阻碍了你自己，你已经关上了门。

西：没错。但是你知道我们已经怀有了这些信仰。我们怎样才能够了解这一点呢？因为我觉得我们背负着重担，那便是这些我们没有真正去动摇的无意识的信仰，就像在我身上的信仰一样。

博：我认为，更为深刻的问题在于心灵是如何确立起真实的。我的意思是，假如我审视事物，那么我或许会认为它们是真实的。这可能是一种幻觉，但是当它来临时，它看起来似乎是真实存在的。甚至假如你能够用某个词语来指称物体，那么当你用该词语来对它加以描述的时候，它就会变得真实起来。因此，从某种意义上来说，词语在头脑里确立起了一种真实的建构，于是一切都与这一真实的建构有关。

西：我们该怎样去探究这一点呢？

克：是什么制造出了这种真实呢？你是否会说，除了自然以外，思想所制造出来的一切便是一种真实呢？

博：思想并没有创造出自然。

克：是的，当然没有。

博：我们难道不能认为思想可以描述自然吗？

克：是的，思想可以描述自然——在诗歌中……

博：还可以在想象中。

克：想象。我们是否能够说思想所创造出来的一切均是真实的呢？椅子、桌子、所有这些电灯、自然——思想没有创造自然，但是它可以描绘自然。

博：还可以创造关于自然的理论。

克：创立理论，是的。而且思想所制造出来的幻象也是一种真实。

西：没错。

博：但是这种真实的建构难道没有它自己的位置吗？因为……

克：当然，当然。

博：……这张桌子是真实存在的，尽管头脑已经构想出了它。然而在某个阶段上，我们建构出了并不存在的真实。有时候我们可以发现这一点，比如在一个漆黑的夜晚，影子便可以构建出并不存在的真实。

克：那是因为有一个人在那儿。

博：是的。还有魔术师手中的那些把戏和幻觉。但是尔后这种建构会走得更远，我们会说，我们在精神上构建了一种逻辑的真实，这种真实看起来极为逼真。但是在我看来，问题在于：所谓思想提供了这种真实感、构建出了真实，究竟指的是什么呢？我们能够审视一下这一问题吗？

克：思想怎么做才会带来、才会制造出这种真实呢？

西：你的意思似乎是，假如你同某个信仰神的人交谈，那么他会对你说神是真实存在的。假如你同某个真的相信自我存在的人交谈，他也会对你说自我是真实的。我同许多人、同许多精神治疗医师交谈过——他们声称自我是真实的，说它是存在着的，说它是一种事物。你听到一位精神治疗医师曾经对克里希那穆提说："我们知道自我是存在的。"

博：嗯，不仅仅如此。我认为所发生的情形是，一旦你构建起了真实，幻觉便会极为迅速地确立起来。它确立起了一个庞大的结构，该结构成为一片围绕它、支撑它的云团。

克：所以让我们来一探究竟吧。我们现在所做的是什么呢？

西：我们正在把话题往前推进。

克：我们正试图去探明什么是生活中的正确行为。我只能够探明在我身上是否存在着秩序——对不对？我是混乱无序的。

西：的确，没错。

克：无论"我"是多么的真实，它都是无序的根源。

西：正是。

克：因为它分隔了、区分了——你与我，我们和他们，我的国家，我的神——我。

西：没错。

克：意识能够觉察到自身吗？觉察，就像思想在思考一样。

博：思考自身？

克：将问题简化一下：思想能否意识到它自己的运动呢？

博：是的。

西：这便是问题所在。

博：这就是问题。它能够被认为理解了自身的结构。

西：以及它自身的运动。然而是思想意识到了它自身吗？抑或是其他某个事物呢？

克：尝试一下，尝试一下，现在就做。

西：没错。

克：现在就做。你的思想能够意识到它自身吗？意识到自己的运动吗？

博：它停止了。

克：这是什么意思？

西：意思便是所说的那样：它停止了。对于思想的观察阻止了思想本身。

克：不，不要这么理解。

西：那你将如何理解呢？

克：它在经历一种根本的变化。

博：所以"思想"这一词语所指的并不是一个确定的事物。

克：是的。

博："思想"一词并不意味着一个确定的事物，它可以变化——对不对？

克：没错。

博：在感知的层面上。

克：你告诉过我，其他的科学家告诉过我，假如通过一个显微镜来对某个物体进行观察的话，那么物体会经历某种变化。

博：在量子理论中，离开了观察的事实，物体将是无法确定的。

西：在心理分析期间的病人便是如此，他们自动地变化了。

克：忘记病人吧，要知道你自己便是病人！

西：我是病人，没错。

克：当思想意识到自身时，会发生什么呢？你知道，先生，这是一个极为重要的问题。

博：是的。

克：也就是说，行为者能够意识到他的行为吗？我可以将这个花瓶从这儿移动到那儿，并且意识到这一移动，这是非常简单的。我伸出我的手臂……然而思想能否意识到自身呢？能否意识到它的活动、它的结构、它的本质、它所创造出来的事物、它在世界上所做的一切呢？

西：我想把这一问题留到明天再去探讨吧。

对话4 思想能否觉察到自身？（5月19日上午）

克里希那穆提：我认为我们昨天尚未解答如下的问题：即人类为什么要以这种方式来生存？我觉得我们还没有对此问题予以足够深入的探究。我们是否已对该问题做出了回答呢？

西恩博格医生：我们领会了要点——但未曾解答这一问题。

克：今天早上我在思考这个问题，得出的结论则是，我们尚未对其予以充分的解答。我们刚刚所探究的一个问题是：思想能否察觉到它自身？

西：对的。

博姆博士：没错，是的。

克：但是我认为我们应当去解答另一个问题。

博：可是我觉得我们所说的便已经是在对该问题进行解答了。我的意思是，它与答案有关。

克：是的，有关，但却并不充分。

西：是的，并不充分，它没有真正抓住问题的关键：即为什么人们要以这种方式来生存，为什么他们不去予以改变？

克：是的。在我们继续昨天的话题之前，能否稍稍对这一问题探究一下呢？

西：嗯，你知道，对这一问题，我现在就回答你：他们喜欢这样。

克：我认为要比这更为深刻，你觉得呢？因为，假如一个人真的改变了他的条件背景、他的生活方式，那么他可能会发现自己将陷入一种经济的困境之中。

西：没错。

克：这将会反潮流，彻底地反潮流而行。

博：你是说这可能会导致某种现实的不安全感吗？

克：现实的不安全。

博：这并非仅仅是一种想象。

克：是的，切实存在的不安全。

博：的确如此，因为我们所讨论的许多事情都是与安全或者不安全的幻象有关的。除此之外还存在着某种真正的……

克：……真正的不安全。而且这难道不意味着说你必须要孤立吗？

西：毫无疑问，你将会处在一个截然不同的位置上。

克：因为它彻底地与潮流背道而驰，而这意味你不得不孤独一人，在心理上独自一人。我们想知道人类是否能够忍受得住这个。要知道，群居是一种本能，即与他人在一起，不形单影只。

西：与他们一样，与他们团结一起——从某种意义上来说，这种群居本能是建立在竞争的基础之上的，觉得我比你更为优秀……

克：当然，当然，正是如此。

博：嗯，这似乎还不太清楚，因为从某种意义上来说，我们应该团结在一起。然而在我看来，社会提供给了我们某种归属感的错觉，看似团结在一起，实际上则是分裂和破碎的。

克：相当正确。所以你是否会认为，人类之所以不想从根本上改变自身的一个主要原因，就在于他们害怕脱离某个团体、某个群体、某种确定的事物——害怕彻底地孤立呢？

西：正如我们所知道的那样，人们不喜欢与众不同。

克：我曾经与一位美国联邦调查局的人士有过交谈——他来看望我，说道："为什么你一直都是独行？为什么你总喜欢独自一人？我看见你一个人沿着山路行走，为什么？"他认为我的这种孤独的姿态相当令人感到困惑。

博：嗯，人类学家发现，原始人对于部族的归属感是更为强烈的，他们的整个心理结构都依赖于对某个部落的从属。

西：没错，与其他人在一起……

克：……你会感到安全。

博：你将会得到照顾，就像你的母亲对你的照顾一样；你将会得到支持。你感觉，总体而言，一切都还不错，因为群体是庞大的、是智慧的，它知道该做什么。我认为存在着一种类似于这样的感觉，不过更为深刻一些。教会也可以提供给人们这种感受。

克：是的。你是否看过那些动物图画呢？它们始终都是成群结队的。

博：人们难道不也正从群体中寻求着这样一种感觉吗？觉得自己得到了全体的支持。

克：当然。

博：那么，你难道就没有可能去讨论一种你从中能获得安全感的孤独吗？人们在群体中寻求一种安全感。嗯，在我看来，安全真的能够在孤独中产生。

克：是的，没错，在孤独中，你能够彻底的安全。

博：我想知道我们是否可以讨论一下这个问题，因为似乎这里存在着一种错觉：即人们觉得他们应当拥有一种安全感。

克：相当正确。

博：于是他们便在某个群体中寻找这种安全感，而群体便代表着普遍、全体，代表着整个世界。

克：群体不是世界。

博：的确不是，但我们对群体的认识就是如此。

克：当然。

博：在一个小孩子的眼里，部落便是整个世界。

克：一个人，假如他改变了自身，变成独自一人，但这种单独并不是隔绝——那么这便是一种最高形式的智慧。

博：是的，你说这并非是孤立和隔绝，你能够对这一问题再探究得更深入一些吗？因为起初当你说独自一人的时候——给我的感觉是我彻底地与众隔绝了……

克：它不是隔绝。

西：似乎所有人都被吸引在一起，他们必须要像其他人一样。什么会改变这种状态呢？为什么一个人应该要从这种状态中改变呢？当他们独自一人时，会有何种体验呢？他们会体验到隔绝与孤立。

克：我认为我们已经相当彻底地解答了这一问题。当一个人意识到世界处于这种令人惊骇的状态时，意识到自身的无序、混乱与苦难时，当他声称必须要有彻底的改变和转化时，那么他就已经开始从这一糟糕的状态中抽身离去了。

西：没错。然而一个人就在这儿，与其他人聚集在一起……

克：与其他人一起，这是指什么？

西：我的意思是，处在这一群体之中……

克：是的，然而这真正指的是什么呢？使自己与群体相认同，始终与群体在一起——这意味着什么呢？其含义是什么？群体即我，我即群体。

西：正是。

克：所以这就像是我与自己在合作。

博：或许你可以像笛卡尔那样说："我思，故我在。"——这意味着说，我思考，代表着我存在。一个人说道："我在群体之中，因此我存在。"你知道，假如我不在某个群体之中，那么我会在哪儿呢？换句话说，我完全不存在。这对原始部落而言倒是千真万确的情形，至少对于大多数成员来说是如此。这儿存在着某种深刻的事物，因为我感到，从心理的层面来讲，我的存在、我的生命，便意味着我处于群体之中。群体塑造了我，关于我的一切都是由这一群体而来的。倘若没有群体，那么我便什么都不是。

克：是的，相当正确。实际上，我即群体。

博：所以，假如我离开了群体，我便会觉得一切都将崩塌。我不知道自己身在何处，我没有了方向，没有了生活或做任何事情的方向。

西：的确。

博：因此，你知道，将我驱逐出外，或许便是群体能够施加于我的最大惩罚。

克：是的，看看在苏联所发生的景象：假如有持异议者，那么他就会遭到驱逐。

博：这种驱逐犹如剥夺了他的存在，几乎就跟杀了他一样。

克：正是如此。我认为正是由于这个原因，所以人们才会害怕独自存在。所谓"独自",被解释为与这一切相隔离。

博:我们能否说与世界相隔离呢?

克:是的,与世界相隔离。

博:在我看来,你的意思是,假如你真的独自一人,真正实现了单独的存在状态,那么你并不是同世界相隔离。

克:确实如此,而且恰恰相反。

博:因此我们首先必须要从这种虚假的普遍和全体中解脱出来。

西:从这种与群体的错误认同中解脱出来。

博:错误地把群体当作整个世界来认同,以为群体是一种对于我的存在的普遍性支持。

西:没错,没错,不止如此。现在所说的是,当这种与群体的认同、这种虚假的安全不再存在的时候,一个人便会对参与抱持开放的态度了……

克:不,不存在任何参与的问题——你便是世界。

西:你即世界。

博:当我还是个孩子的时候,我觉得我所生活的那个小镇便是整个世界。然后我发现了更远处的另一个镇子,感觉这个远方的镇子几乎处在世界的范畴之外,所以我从来没有产生过走出这个小镇的念头。我认为我们看待群体的眼光也是如此。从理论上来说,我们知道并不是这样的,然而你所怀有的感受与那个小孩子的感觉却是相似的。

克:那么,是否人类之所以会去热爱,或者坚持他们自己的痛苦与混乱,原因就在于他们不知道其他任何事情呢?

博:对的。

克：已知如此之远，尔后便是未知。

西：没错，正是这样。

克：那么，独自一人就暗示着不去随波逐流，难道不是吗？

西：离开已知。

克：离开这股混乱、无序、悲哀、绝望、希望与艰辛的人生之流——离开所有这一切。

西：没错。

克：如果你希望对其予以更加深入的探究，那么"独自一人"难道不就意味着完全不去背负传统的重担吗？

博：传统指的便是群体。

克：群体，传统还包括知识。

博：知识，但它基本上是从群体而来的。知识从根本上来讲是集体性的，它是由大家收集而成的。

克：所以，孤独便意味着彻底的自由。当这种伟大的自由存在时，它便是整个世界。

博：我们能否对其展开更为深入的探究呢？因为，对于一个尚未理解这一点的人来说，该问题看起来似乎还不太明显。

西：我觉得大卫是对的。我认为，对于一个人来说，对于大多数人来说——"你便是世界"这一理念或者深切的感受，似乎是如此地……

克：啊，先生，这么说可是一件十分危险的事情。当你处于完全的混乱之中时，你如何能够说你便是世界呢？当你如此地不快、悲伤、焦虑和善妒时，你如何能够说你便是世界呢？要知道，世界代表着彻底的秩序。

博：是的，在古希腊，宇宙意味着有序。

克：秩序，当然。

博：而混乱则是相反的。

克：是的。

西：但是我……

克：不，请听我说。世界、宇宙，意味着秩序。

西：没错。

克：而我们则生活在混乱之中。

西：的确如此。

克：我如何能够认为在我的身上拥有宇宙的秩序呢？这是心灵的一个老把戏了，它声称，虽然存在着无序，然而在你的内心却有着完美的秩序。其实这只是一种错觉。它是思想放在我们头脑里的一个概念，它给予了我某种希望，可这却是一种幻象，它是不真实的。而混乱才是切实存在的真实。

西：的确。

克：我的混乱。我能够想象、能够构想出有序和协调，然而这同样是一种幻觉。所以我要从"我是谁"这一实际出发，即从我的混乱出发。

西：我从属于某个群体。

克：混乱，混乱便是群体。所以，从群体中离开、进入到彻底有序、协调之中，这意味着我是孤独一人的。存在着与无序、混乱没有关联的绝对的秩序，这便是孤独。

博：是的，我们能否探究一下这个问题呢？假设有几个人正处在这一状态之中，离开社会的混乱与无序，走进协调和秩序里——那么他们全都是孤独的吗？

克：不，他们不会感到孤独，只有秩序。

博：他们是与众不同的人吗？

克：先生，你是说——假设——不，我不能够假设——我们三个人处在一个有序、协调的整体之中，只有有序与协调，没有博姆博士你、西恩博格医生和我。

博：所以我们依然是单独一人的。

克：正是，秩序即单独。

博：我在字典里查阅了"单独"一词，其基本含义为，完全的一个人，或者说，一个整体。

克：完全一个人，是的。

博：换句话说，没有任何的分裂与碎片。

克：所以也就不存在三个人——我们三人。这是很奇妙的，先生。

西：但是你在这里跳开了。我们已经有了混乱与无序，这便是我们所拥有的。

克：所以，正如我们所说的那样，大多数人都害怕从这种状态中离开，也就是去拥有彻底的秩序。独自一人，就像他所指出来的那样，便是完全的一个人，因此就不会有分裂存在，尔后便会有一个协调有序的整体出现。

西：没错。但是大多数人都处在混乱和无序之中，这便是他们所知道的全部。

克：所以你如何从这种状态中离开呢？这便是整个问题所在。

西：这就是问题的关键。我们处于混乱和无序状态，我们并不在那一协调有序的整体里。

克：是的，因为你可能对此感到恐惧，害怕想到要单独一个人。

西：你怎么会对这一想法感到害怕呢？

博：这很简单。

克：你难道不对明天怀有恐惧吗？明天就是一种想法。

西：好吧，这是一种想法。

克：因此他们对于自己所构想出来的某个想法感到恐惧，这个想法说道："老天啊，我独自一个人。"这意味着我没有任何人可以去依靠。

西：没错，可这是一种想法。

博：嗯，让我们来慢慢地展开探究。我们已经说过，从某种程度上来说的确如此。假如你没有得到社会的支持，那么你确实会面临某种真实的危险，因为你从社会的中心撤离了。

西：我认为我们在这里是困惑的，我真的这么认为，因为我觉得，假如我们有了无序，假如我们有了混乱……

克：不是假如——确实是如此。

西：确实是如此，好的。我们处于混乱和无序之中，这便是我们所拥有的。那么，如果当处于混乱和无序时你想到了独自一人，那么这就是另一个想法，混乱的另一个部分，对吗？

克：正是如此。

西：好的。那么这便是我们所拥有的一切——混乱和无序。

克：在离开这种状态的过程中，我们会产生一种感觉，那便是我们将会独自一人。

博：一种被孤立的感觉。

克：被孤立。

西：没错，这便是我所理解的。

克：我们将会独自一人。

西：没错。

克：我们所害怕的也正是这一点。

西：不是害怕，而是处于恐怖之中。

克：是的。因此我们会说："我宁愿待在原地，待在我这方小小的池塘里头，也不想去面对孤立的处境。"这或许便是为什么人类没有从根本上有所改变的原因之一。

西：没错。

博：这就好像是原始部落那样——最糟糕的惩罚便是遭到驱逐。

西：不仅仅是这个原始部落的例子。我的所见所闻，很多都是这样的。病人前来找我问诊，说道："你看，周六到了，我无法忍受独自一个人。于是我便给五十个人打电话，希望能够找到某个人与我一起度过这个周末。"

博：是的，这是一样的。

克：因此这或许便是为什么人类没有改变的原因之一。

西：正是如此。

克：另一个原因就是，我们受到了如此之多的限定，我们习惯于去接受事物的现状。我们不会对自己说："为什么我应当以这种方式来生活？"

西：这是千真万确的，我们不会这么对自己这么说的。

博：我们必须要告别这种确信。

克：是的，的确如此。你知道，各个宗教都宣称存在着另一个世界，并且对其寄予热望,其实这便已经充分指出了该问题。这是一个暂时的尘世,它是无关紧要的,假如你能忍耐今生的苦痛,那么死后你便会在另一个世界里享有快乐与安宁。

西:没错。

克:而共产主义者则主张说,并不存在所谓的来世或阴间,因此要在这个世界尽力而为。

博:我认为他们会说,在这个世界上,未来将会有幸福。

克:是的,是的。就像为了未来而牺牲孩子,这是完全一样的。

博:但这似乎是换汤不换药:我们声称自己希望放弃现有的这个社会,然而却创造了另一个与其相似的社会。

克:是的,相当正确。

西:假如是我们在创造它的话,那么它就不得不是相似的。

博:为未来制造一个天国。

克:因此,什么将使人类有所变化呢?有根本的变化?

西:我不知道。即使你在此处所提出的理念是,它不可能是不同的,或者说它始终是一样的,它是体系本身的一个部分。

克:同意。稍等一下,我可以问你一个问题吗?为什么你不去改变呢?是什么阻止了你去改变?

西:我会说这是——这是一个很难回答的问题。我猜想答案会是这样子的——那便是我没有任何答案。

克:因为你从来没有问过你自己这个问题,对不对?

西:没有从根本上询问过。

克:我们在问一些基本的问题。

西：没错，我真的不知道如何回答这一问题。

克：那么，先生，让我们换个问题吧。这是否是因为我们的结构、我们的整个社会、所有的宗教、所有的文化都建立在思想的基础之上，而思想则说道："我无法做这个，因此必须要有一个外部的力量来使我改变。"

西：的确。

克：这种外部的力量是环境、领袖、还是神？显然，神其实是你自身的一种投射。你相信神，你相信某位领袖，你相信这个或那个，但你依然还是过去的那个你，你还是一样的。

西：没错。

克：你可以与国家相认同，诸如此类，但那个过去的"我"依然在运作着。所以这是否是因为思想没有看到它自己的局限呢？没有认识、没有意识到它无法改变自身呢？

博：嗯，我认为思想在某些事情上陷入了茫然，它没有察觉到在这一切的背后其实便是它自身。

克：当然，思想产生出了所有这些混乱。

博：可是思想并没有真正察觉到这一点。

西：实际上，思想所做的，便是去通过逐渐的变化来传达……

克：这便是思想所发明的一切。

西：是的，但我并不认为这是能够吸引我的地方。

克：不，先生，请听我说。

西：当然。

克：思想创造出了这个世界，无论是从技术的层面上来说，还是从心理的层面上来讲，均是如此。技术的世界尚好，所以不必去管它，我们甚至不会对其予以讨论。然而从心理层面上来看，思想在我的内部和外部建立起了这个世界的一切。思想是否意识到是它制造出了这种混乱与无序呢？

博：我会说它并没有意识到，它将这种混乱看作是一种独立的存在。

克：但混乱就是思想自己生出来的孩子啊！

博：的确如此，然而对于思想来说要明白这一点却是十分困难的，这也正是我们昨天所讨论的。

克：是的，我们回到了这一问题上来。

博：回到了思想是怎样提供了一种真实感这一问题上来。我们正在说的是，技术处理了由思想所产生出来的某个事物，然而实际上，一旦它被制造了出来，它便是一种独立的实在了。

克：就像这张桌子、就像这些照相机一样。

博：但是你可以说思想也创造了一种真实，它将其称为独立的实在，然而实际上却并非如此。

克：是的，是的。所以，思想是否意识到、是否察觉到是它制造出了这种混乱呢？

西：没有。

克：为什么没有？但是你，先生，你认识到了这一点吗？

西：我认识到了……

克：不是你——而是思想——你知道！我问过你一个不同的问题：是否思想，也就是你的思想——是否你的思想意识到了它所制造出来的这种混乱呢？

博：思想倾向于将这种混乱归因于其他某个事物，要么归因于某个外部的事物，要么归因于内部的事物，即我的身上。

克：思想创造出了我。

博：不过思想也曾声称说我并不是思想，尽管实际上是。思想视我为一种不同的实在。

克：当然，当然。对我而言，思想创造了我。

西：没错。

克：因此"我"并不是同思想相分离的，"我"是由思想创造出来的，"我"便是思想的结构和本质。

西：正是如此。

克：那么，你的思想、或者说你的思考是否意识到了这一点呢？

西：它的这种察觉只是一闪而过的。

克：不，并不是转瞬即逝的。你不会只是一闪即逝地看到了那张桌子，它总是在那儿。我们昨天问过一个问题，不过在那儿打住了，即：思想是否在运动中察觉到了它自身呢？

西：没错。

克：思想的运动创造出了我，制造出了混乱，制造出了隔离，制造出了冲突、嫉妒、恐惧……

西：没错。现在我要问的是另一个问题，昨天我们在谈到思想的时候便结束了讨论。

克：不，这是更后一些的。请紧扣一个问题来展开。

西：好吧。我正试图去领悟的是，思想察觉到它自身的真实情形是什么了吗？

克：你希望我对其予以描述。

西：不，不，我并不想要你去描绘它——我试图要理解的是，思想察觉到自身的真实状态是什么了吗？我们在这里遇到了语言上的问题——但似乎思想察觉到了，然后又忘却了。

克：不，不。我在问一个简单的问题，不要将其复杂化了。思想是否察觉到了由它所制造出来的混乱呢？就是这个问题。也就是说，思想是否意识到了自身是一种运动呢？问题的关键不在于我是否察觉到了思想是一种运动——而在于这个"我"便是由思想创造出来的。

西：没错。

博：我认为与此相关的一个问题是：为什么思想持续运动着？它是如何维持自身的呢？因为，只要它维持着自身，那么它就会产生出某种看似独立的实在，产生出一种有关真实的幻觉。

西：我与思想的关系是什么？

克：你便是思想，所以并不存在与思想相关联的你。

西：确实。但是请再仔细看一下，问题是，我向你问道："我与思想的关系是什么？"——然后你对我回答说："你便是思想。"从某种意义上来讲，你说的很清楚，但是对我而言，声称这便是我与思想的关系，仍然是一种思想运作的方式。

博：嗯，这便是问题的关键。这一思想能否立刻停止？

克：是的。

博：是什么维持了这一切呢？——这便是我试图要去领会的问题。

西：是的，这就是问题的实质。

博：换句话说，声称我们有了某种洞察，然而立即出现了某个事物来维持这一旧有的过程。

克：正是如此。

西：思想立刻继续运行了。

克：不，博姆医生询问了一个很好的问题，我们尚未对该问题予以解答。他说道："思想为什么会运动？"

博：当它同运动没有关联的时候。

克：为什么它始终在运动着？什么是运动？运动便是时间——对不对？

西：运动即时间。

克：当然，这是显然的。从物理层面上来说，从这里移动到伦敦，从此处移动到纽约。从心理层面上来讲，从这里移动到那里。

西：正是。

克：我是这样子的，我必须要成为那样子的。

西：没错。

克：思想是一种崭新的运动。我们正在研究运动，即思想。想一想：假如思想停止了，那么也就没有任何运动了。

西：是的，我知道。我正在努力去探明——这一点必须要清晰。

博：我觉得有一个方法或许会有所帮助：问一下我自己，是什么使得我继续思考或者交谈的。我可以经常观察人们，看到他们陷入困境，只是因为他们在继续交谈着。假如他们停止了谈话，那么这整个问题便将消失不见。我的意思是，所出现的正是话语的流动，而它仿佛是一种真实的存在。于是他们声称这是我的问题，我必须要思考得更多一些。有一种反馈说道："我有了一个问题，我在遭受痛苦。"

西：你有了一种"我"的想法。

博：是的，我想到了"我"，因此我感到我是真实的。我在想着我的痛苦，这里面所包含的意思是，"我"便是这个存在着的事物，痛苦是真实的，因为我是真实的。

西：没错。

博：然后便出现了下一个想法，即：既然这是真实的，那么我就应该思考得更多一些。

西：它以自身为能量。

博：是的。我应该要去思考的一件事情便是，我在遭受痛苦。我被迫始终都在思考着这一想法。在存在中维持着我自己。你是否明白我的意思？存在着一种反馈。

克：这意味着说，如果思想是一种运动，也就是时间，那么，倘若没有了运动，我便死亡了！

博：是的，如果这一运动停止了，那么有关"我真实存在着"这一感觉必然就会消失，因为"我是真实的"这一感觉正是思想的产物。

克：你知道这是十分奇特的吗？

西：当然。

克：不，要真正懂得，而不是理论上明白。一个人意识到思想便是运动——对吗？

西：没错。

博：而在这种运动中，它制造出了一种形象……

克：……关于"我"的形象……

博：……它应该是运动着的。

克：是的，是的。那么，当这一运动停止的时候，就不会有我存在了。

我即时间,我是由时间即思想创造出来的。

西:没错。

克:所以,听到这个,你是否认识到了关于该问题的真理呢?所以便会有一种截然不同的行为。作为运动的思想的行为,带来了一种不完整的行为、一种矛盾的行为。当作为思想的运动结束时,便会出现完整的行为。

博:那么你能否说,无论技术的思想所带来的是什么,都会具有一种秩序呢?

克:当然。

博:换言之,这并不意味着思想永久性地消失不在了。

克:是的,是的。

西:它仍然能够是一种处于恰当的位置和秩序中的运动。

克:当然。所以一个人害怕这一切吗?他应该无意识地、深刻地察觉到"我"的终结。你理解了吗?这真的是一件令人深感恐惧的事情。我的知识、我的书本、我的妻子——思想整理、创造出来的这一切,你正在要求我去结束所有这些事物。

博:你难道不可以说这是一切的终结吗?因为我所知道的一切事物都在这儿了。

克:当然。所以你看,我真的心生恐惧,一个人对死亡感到恐惧,不是生理上的死亡……

西:现在死去。

克:这一切即将终结。所以他相信神,相信轮回转世说,相信其他许多令其感到安慰的事情。然而实际上,当思想意识到了自身是一种运动,并且明白正是这种运动创造出了"我"、制造出了分隔、争斗,制造出了这一混乱不堪的世界的整个结构——当思想认识到了这一点,懂得了关于该问题的真理时,它便会结束了。尔后就会出现有序与协调。听到了这些,你对此会有何反应呢?

西:你希望我回答吗?

克:我提供给了你一些信息,你对此会做何反应呢?这是非常重要的。

西:是的。思想察觉到了自身的运动……

克:不,不。你对此会做何反应呢?听到这些内容的公众,对此会有何反应呢?他们会问道:"他正试图告诉我什么呢?"

西:什么?

克:他回答说,我没有在告诉你任何事情。他说,听一下我所说的,然后凭借你自己的力量去探明。作为一种运动的思想是否创造出了所有这一切,既创造出了有用的、必要的技术世界,也创造出了这一混乱无序的世界。

西:没错。

克:听到这些,你会有何反应呢?当你听到这些的时候,你的内心会发生什么呢?

西:恐慌。

克:不,真是恐慌吗?

西:是的,有一种对于死亡的恐慌。有一种洞察的感觉,然后便会有对死亡的惧怕。

克:这意味着说,你已经听到了这些话语,而它们则唤起了你内心的恐惧。

西：的确。

克：然而这并不是事实的真实情形。

西：我不会这么说。我认为这有点儿不公平，它们唤醒了……

克：我是在问你。

西：……它们唤醒了事实的真实情形，尔后似乎出现了一种寂静，心灵进入到澄明之境，这种澄明让位给了心口的某种感觉，于是便有一种……

克：抑制。

西：……抑制，没错。我认为这里存在着一种完整的运动。

克：所以你是在描述整个人类吗？

西：不，我是在描述我自己。

克：你便是全人类。

博：你是一样的。

西：没错。

克：你是观察者，是正在聆听的人。

西：正是如此。所以会有一种感觉，那便是觉得明天将会发生什么呢？

克：不，不，这不是问题的要点，不是。当思想意识到自身是一种运动时，意识到这一运动创造出了所有这些混乱、彻底的混乱、完全的无序时——当它认识到了这一点时，会发生什么呢？真实情形会是怎样的呢？你没有感到害怕，不存在任何的恐惧。仔细听好，不存在任何的恐惧。恐惧是由某个抽象概念所带来的想法。你理解了吗？你制造出了一幅有关终结的图画，并对这一终结感到恐惧。

西：你是对的,你是对的。

克：不存在任何的恐惧。

西：没有恐惧,于是便有……

克：当实在出现时,不会有恐惧。

西：没错。当实在出现时,将会有寂静存在。

克：伴随着没有恐惧这一事实。

博：可是思想一来临……

克：没错。

西：的确。现在请等一下,不,不要走开了。当思想来临时……

克：那么它便不再是一种事实了,你没有维持这一事实。

博：嗯,这就跟声称你继续在思考是一样的。

克：请继续。

博：是的。嗯,你一将思想带入进来,它就不是一个事实了;它是一种想象或者幻想,却被以为是一种真实的存在,然而它却并非如此。所以你不再维持这一事实了。

克：我们发现了一个非凡的现象,那便是,伴随着这一事实,没有恐惧存在。

西：没错。

博：因此所有的恐惧都是思想,是这样吗?

克：正是。

西：说得太对了。

克：不,所有的思想是恐惧,所有的思想是悲伤。

博：两种说法均可,所有的恐惧是思想,所有的思想是恐惧。

克：当然。

博：除了单独伴随着这一事实而出现的思想以外。

西：我想在这里插一句：在我看来，我们在此处发现了某个极为重要的结论，那便是，当你真的意识到了这一点时，那么你便在体察的那一瞬间进入了一种顿悟的状态。

克：不。某种新的事物出现了，先生，某种你从来没有察看过的全新事物。无论它是什么，它都从来不曾被了解或体验过。一种全然不同的事物出现了。

博：然而我们在我们的思想中，我的意思是说在我们的语言中去承认这一点，这难道不重要吗？

克：是的。

博：就像我们现在所做的。换言之，假如它发生了，而我们并没有承认它，那么我们就容易走向倒退。

克：当然，当然。

西：我没有领会你的意思。

博：嗯，我们不仅应该在它发生的时候察觉到它，而且我们还应该说它出现了。

克：博姆博士所说的其实非常简单。他是在说，这一事实是否发生了？你能否保持它？思想能否不展开运动而仅仅是保持这一事实呢？先生，这就像是在说：彻底保持悲伤。不要从这一问题上移开，不要说它应该还是不应该，或者说我该如何去克服它——就这样完全保持它，保持这一事实，尔后你便会拥有一种非凡的能量了。

对话 5　终止形象的制造（5 月 19 日下午）

克里希那穆提：我们谈论了人类改变的必要性，以及他们为何没有去改变，为什么接受了这种人类的灵魂所无法忍受的状态。我认为我们应当从另一个角度来触及同一个问题。是谁发明了无意识？

西恩博格医生：是谁发明了无意识？我觉得，我们所称的无意识，与真正的无意识是有所不同的。

克：是的，这一词语并不重要。是谁发明了它呢？

西：嗯，我觉得，无意识被发明的历史是一个漫长和复杂的过程。

克：我们可以这么问吗？你有无意识吗？你是否察觉到了你的无意识呢？你是否知道你有一种以不同方式运作的无意识，一种试图给你提示的无意识呢？——你是否察觉到了所有这一切呢？

西：是的。我意识到了我自己的某个方面，那便是一种不完全的觉知。这也就是我所称的无意识，它是以一种不完全的方式来察觉到我的经验，察觉到各种事件的。这就是我所说的无意识，它使用不同的符号和讲述模式、它采用一种不同的方式来理解梦境。在这种无意识里，我发现了我所没有察觉到的嫉妒。

克：博姆博士，你是否是在强调说你有一种感觉，认为存在着这样一个事物呢？

博姆博士：嗯，我不知道你这么说是什么意思。我认为，有一些我们所做的事情是我们没有意识到的。我们以一种惯有的方式来做出反应，来使用词语……

西：我们会做梦。

博：我们做梦，是的……

克：我打算质疑这一切，因为我并不确定……

西：你不会是在质疑我们有梦这一点吧？

克：不是。不过我想要去质疑，我想去询问专家，问他们是否存在着无意识这一事物，因为我并不认为它在我的生活里扮演了任何重要的角色。

西：嗯，这取决于你所指的是什么。

克：我会把我的意思告诉给你的。某种隐藏着的事物，某种不完全的事物，某种我不得不有意识或者无意识地去追逐的事物——去发现、探索与揭示的事物。探明动机，探明隐藏着的意图。

博：嗯，你可以发现，有些事情人们做了，但他们却并没有意识到自己的所为。我们能够将这一情形弄清楚吗？

克：我不是十分理解。

博：嗯，例如，某个人将自己内心的真实想法给说漏了嘴。

克：是的，是的。

西：这便是大多数人所认为的无意识。你知道，我觉得这里有两个问题。在对无意识展开思考的历史中，出现了一种信念，那便是相信在无意识中存在着一些必须要被提炼出来的事物。尔后便有一大群人认为，无意识便是他们没有完全察觉到的行为的领域、反应的领域和经验的领域。让我们不妨这么说，在白天，他们可能有一种未完成的重要体验，而在夜里，他们则以一种新的方式对其进行了改写和重做。

克：我理解了。

西：所以这便是无意识在运作。你从过去或者此前的行为活动中也能领悟到这一点。

克：我的意思是——集体的无意识，种族的无意识。

博：让我们不妨说，某个人在过去受到过很深的伤害，你可以看到他的整个行为都为这一过去的经历所支配着，但是他并不知道这一点，他可能对此一无所知。

克：是的，我能懂得。

西：然而他的反应总是来自过去。

克：是的，很对。我正努力想要去探明的是，为什么我们将意识划分为有意识和无意识？又或者它其实是一种统一的、完整的过程和运动呢？它不是隐藏着的，而是作为一个整体的潮流在运动着。一些聪明的、有头脑的人出现了，将它一分为二，声称存在着意识和无意识。而所谓无意识，指的是潜藏着的、不完全的意识，它是一个有关种族记忆、家族记忆的仓库……

西：弗洛伊德、荣格以及其他精神科医生遇到过一些病例，这些病人将你所谈论的这一运动分裂开来。我认为，这一事实可以部分地解释为什么会发生上述的情形。

克：这便是我希望去领会的。

西：在癔病的整个历史上有过这样的案例，有些病人无法移动自己的胳膊，你可知道这个吗？

克：我知道。

西：然后你开启他们的记忆之门，最后他们能够移动自己的胳膊了。

或者还存在着一些拥有双重人格的人……

克：这是否是一种精神错乱呢？——不是精神错乱——这是否是如下的一种心智状态：即将一切都予以了划分，声称存在着无意识和意识？这是否也是一种分裂和破碎的过程呢？

博：嗯，你难道不会说——就像弗洛伊德所说的那样——某种物质因为具有太大的干扰性而被头脑塑造为了无意识呢？

克：这便是我希望去了解的。

博：它是破碎的、分裂的，所有的心理学学派都熟知这一点。

西：没错，这就是我所说的。它是分裂的，尔后被称为了无意识，被分裂开来的部分便是无意识。

克：我了解。

博：然而你是否会说，从某种意义上来讲，是大脑本身故意将其分隔开来的，目的是躲避它呢？

克：是的，逃避面对这一事实。

西：正是如此。

博：是的，所以它并没有真的与意识相分离。

克：这就是我想要去探明的。

西：它与意识并没有分离，但是大脑以一种分裂的方式来组织它。

博：是的，然而把它称为"无意识"其实是一个错误的术语，因为"无意识"一词已经代表了一种分离。

克：没错，的确意味着一种分离。

博：有些人主张存在着两个层面，即无意识与表层的意识，这个结构包含了二者在内，然而还有一种看法则认为，这一结构并不包含二者，而认为存在于某处的特定事物被简单地避开了。

克：我不希望去想起某个人，因为他曾经伤害过我。这并不是无意识，而仅仅代表我不愿意去想到他而已。

西：的确。

克：我意识到他伤害了我，所以我不希望去想起他。

博：但是在这里出现了一种荒谬的情形，因为到最后你将变得十分擅长于此，以至于你不会意识到你正在这么做。

克：是的，是的。

博：人们变得如此精通于去躲避这些事物，以至于他们不再意识到自己正在这么做着。

克：的确。

博：这成为了一种习惯。

西：没错，我认为这便是所发生的情形，这些伤害……

克：创伤依然存在。

西：创伤仍在，而我们不记得，我们已经忘却了。

克：伤害仍在。

博：我们记得要去忘记，你知道！

克：是的。

西：我们记得要去忘记，然后治疗的过程便是去帮助你记忆与回想——去记起你已经忘记的，之后则是去理解你为何会遗忘这一背景。于是这整个过程便能够以一种更为整体性的方式来运动，而不是被分裂开来。

克：你是否认为或者说感觉你受伤了呢？

西：是的。

克：想要去躲避它吗？抵制、退缩、隔离——整幅画面都是有关你被伤害以及退缩的形象——当你受伤的时候，你是否感觉到了这些呢？

西：是的，我感觉到了。

克：让我们对其展开探究吧。

西：是的，我觉得有一种明确的运动，旨在不去被伤害，不去拥有那样的画面，不去使整件事情为之改变，因为，假如它被改变了，那么受到伤害的经历会再一次上演。这与无意识有一种共鸣，让我想起……你知道，让我想起这种损害曾经令我深深受伤过。

克：我理解。

西：所以我躲避伤害。

克：假如大脑休克了——一种生理上的休克——那么心理上的大脑，如果我们能够这么称呼它的话，就必然会受损伤吗？这是不可避免的吗？

西：不，我并不这么认为。它的受损伤只与某些事物有关。

克：不。我是在问你：这样一个心理上的大脑，假如我可以使用这两个词语的话，能否永远不受损伤吗？——在任何环境下，比如家庭生活、丈夫、妻子、糟糕的朋友、所谓的敌人，所有在你身边上演着的一切——从来不会伤害到你吗？因为，很显然，这是人类生存的主要创伤之一。你越敏锐、越有意识，你所受到的伤害也就会越大，你的退缩也就会越大。这是必然的吗？

西：我并不觉得这是必然的，不过我认为这种情形发生频繁、时常上演。当一种依附形成、尔后又失去时，这番情形似乎便会发生。你对我而言变得十分的重要，我喜欢你，或者我与你有了关联，于是对我来说，重要的便是你不会去做任何事情来破坏这幅图景。

克：这便是两个人之间的关系，这便是我们对彼此所怀有的形象——这便是伤害的原因。

博：嗯，这还会通往另一个方向：我们因为伤害而去执著于这些形象。

克：当然，当然。

博：这就是我希望去领悟的。

西：这也是我想要去了解的。

克：他指出了要义所在。

西：是的。

博：因为过去的伤害极大地强化了这一形象，这是帮助我们去忘却的形象。

西：没错。

克：这种在"无意识"中的创伤——我们暂时在引用中使用"无意识"一词——是隐藏着的吗？

西：嗯，我认为你对此有点儿简单化了，因为所隐藏的是这样一个事实，即我让这种情形多次发生——当我与我的母亲在一起时发生过，当我与朋友在一起时发生过，在学校里发生过，当我担心着某个人的时候发生过……你形成了这种依附，尔后便会有伤害来临……

克：我完全无法确定伤害是经由依附而来的。

西：或许并不是"依附"，这个词是错的。所发生的情形是，我与你形成了一种关系，在这种关系中，某种形象变得十分重要起来——你对我的所作所为变得十分的重要。

克：你怀有某种关于你自己的形象。

西：没错。你是在说，我之所以会喜欢你，是因为你符合这一形象。

克：不，撇开喜欢或者不喜欢的问题。你怀有一个关于自己的形象，尔后我出现了，妨碍了这一形象。

西：不，首先是你出现了，并且认可了该形象。

博：假如你先出现、对我极为友好，并且确认了这一形象，然后突然有所阻碍，那么伤害将会更大。

克：当然，确实如此。

博：然而，即使是某个并不认可该形象的人也可以造成伤害，假如他们彻底终止了同我的关系的话。

西：的确如此，这并不是无意识。可为什么我要以怀有这种形象来作为开始呢？这是无意识的。

克：它是无意识的吗？这便是我想要去探明的。又或者它是如此的明显，以至于我们没有看到呢？你理解了我所说的吗？

西：是的，我理解。

克：我们先撇开这一点。我们说它是隐藏着的，但我怀疑它是否是完全隐藏着的，因为它是如此的明显。

西：我并不觉得它的所有部分都是明显的。

博：我认为，从某种意义上来说，我们将它给隐藏了。我们是否会说，这种伤害意味着与这一形象有关的一切都是错的，但是我们通过声称一切皆好而将其给隐藏起来了呢？换句话说，原本明显的事物可以通过声称自己是不重要的而被隐藏起来，以至于我们没有注意到它。

西：是的，我们没有注意到它，但是我问我自己说：是什么产生了这一形象呢？这种伤害是什么？

克：啊，我们会解决这个问题的。我们正在探寻意识的整个结构，不是吗？

西：是的。

克：正在探寻意识的本质。我们已将意识划分为了潜藏的与公开的，或许是支离破碎的心灵在这么做，因此二者都得到了加强。

西：没错。

克：划分变得越来越大、越来越大……

西：支离破碎的心灵在……

克：……在这样做。大多数人都怀有关于自己的形象，实际上，每个人都是如此。正是这种形象受到了损伤，而这个形象便是你，于是你说道："我受伤了。"

博：你知道，假如我怀有一个愉悦的自我形象，那么我会将这种愉悦作为我的特性，并且声称它是真实的。当某个人伤害了我时，那么这种痛苦也成为了我的特征，于是我认为这也是真实的。似乎，如果你怀有某种能够给予你愉悦的形象，那么它就必定能够带给你痛苦。

克：当然。

西：嗯，这一形象似乎是对自我的执着。

博：我认为人们希望这一形象将带给他们愉悦。

克：只有愉悦。

博：只有愉悦，但这种令愉悦成为可能的心理状态也能使痛苦变成可能。因为，假如我说"我觉得我为人善良"，而且这被感觉是真实的，这也就意味着良善是真实的，那么便会有愉悦到来。但是假如某个人出现了,说道:"你并不好,你很愚蠢。"而这也被感觉是真实的,那么痛苦便会来临。

克:这种形象既带来了愉悦,也带来了痛苦。

博:我觉得人们将期盼某种只会带来愉悦的形象。

西:人们的确有这样的期待,这是毋庸置疑的。然而人们不仅仅是期待这一形象,他们还在自己的形象中投入了全部的兴趣。

博:一切事物的价值均取决于这一自我形象的正确性,所以假如有人指出它是错误的,那么一切便都是错的了。

西:正是如此。

克:然而我们总是将新的形式赋予这一形象。

博:可我认为,该形象便意味着一切,而这给予了它巨大的力量。

西:全部的人格个性都以取得这一形象为目的,而其他的一切则退居其次了。

克:你是否意识到了这一点呢?

西:是的,我意识到了。

克:这番情形的开始是什么呢?

西:嗯……

克:请让我先总结一下吧。实际上,每一个人都怀有某种关于自己的形象,对此他并没有意识到或者察觉到。

西:没错,这一形象通常都有些被理想化了。

克:无论有否被理想化,它都是一种形象。

西:正是,他们必然怀有关于自我的形象。

克:怀有某种关于自我的形象。

博：的确。

西：但是他们必定会把获得此形象作为自己全部行为的奋斗方向。

博：我认为，一个人会觉得自己的全部生活都取决于这一形象。

克：是的，没错。

西：而当我不怀有这一形象的时候，我便会感到沮丧和挫败。

克：我们待会儿会谈到这个问题的。接下来的疑问是：这个形象是如何形成的呢？

西：嗯，我认为从某种意义上来讲，它是在家庭中形成的。你是我的父亲，通过对你进行观察，我了解到，假如我心智聪慧，那么你就会喜欢我。对吗？

克：相当正确，我们同意。

西：我非常迅速地就了解到了这一点，于是我将确定我会得到你的爱……

克：这是非常简单的。然而我在问的是：塑造自我形象的根源是什么？

博：假如我完全不怀有关于自我的形象，那么我就永远不会陷入这一情形之中，对吗？

西：如果我从来不曾塑造任何形象的话……

博：是的，从来不去塑造任何形象，无论我的父亲做什么。

克：我觉得这格外地重要。

西：这便是问题所在。

博：或许孩子不会这么做，但假设他可以……

克：我并不十分确定……

博：或许他能够，但我是在他不会如此这一通常的情况下来说的。

西：你是说这个孩子已经怀有了自己受到伤害的形象吗？

克：啊，不，不，我并不知道。我们只是在询问。

博：但是假设有这样一个孩子，他没有去塑造任何关于自我的形象。

西：好吧，让我们假设他并不怀有任何形象。

博：那么他就不会受到伤害了。

克：他不会受伤。

西：我觉得你在这里陷入到了某种心理的困境之中，因为一个孩子……

克：不，我们是说"假设"。

博：不是一个真实存在的孩子——而是假设有一个孩子，他没有塑造关于自我的形象，因此他不会依赖这一形象，不会将其视为一切。你所谈论的这个孩子依赖于他的父亲爱他这一形象。

西：没错。

博：所以，当他的父亲不爱他时，一切便会消失不见，对不对？

西：正是。

博：因此他受到了伤害。但如果他并没有自己必须要得到父亲的热爱这一想法的话，那么他就仅仅会去观察他的父亲。

西：可是让我们更加实际一点儿来看待这个问题吧。这里有一个孩子，他确实受到了伤害。

博：倘若没有这一形象，他就不会受到伤害。谁将会受伤呢？

西：现在请稍等一下，我并不打算让你们侥幸逃过这个问题！在这里我们说到这个易受到伤害的孩子，如果从他需要心理上的支持这一层面来说的话，那么他会感到很大的压力与不安。

克：先生，同意这一切。这样的一个孩子怀有某种形象。

西：不，没有形象，他只是单纯地在生理上没有获得支撑。

克：不，不。

博：嗯，他或许可以想象出自己在生理上没有得到支持这一事实。你必须区分在生理上所发生的情形和他对此的想法，对不对？我看到一个孩子有时候会突然倒下，他真的垮掉了，原因就在于他感到……

克：感到失落，感到不安全。

博：……感到不安全，因为他的母亲不在了，这就仿佛一切都消失了，对不对？他彻底紊乱了，尖声喊叫着。然而问题的关键在于，他怀有一种想法，认为将会从自己的母亲那里得到安全。对不对？

西：这便是神经系统运作的方式。

博：嗯，这就是问题所在——以这种方式来运作是必须的吗？又或者这是否是受限的结果呢？

克：这是一个很重要的问题。

西：嗯，至关重要。

克：因为，无论是在美国还是在这个国家，孩子们都从他们的父母身边跑开了，父母看起来对他们没有任何掌控能力。他们不服从、不听话，他们是一群野孩子，于是父母便感觉很受伤害。我在电视上看到过一个在美国所发生的事例。一位母亲泪流满面地说道："我是他的妈妈，但他却并没有把我当作妈妈来对待，他只是对我发号施令。他已经跑走了六次之多。"这种父母与孩子之间的代沟和隔离，在全世界都愈演愈烈。他们彼此之间没能建立起正确的关系。因此，这一切的原因何在？撇开促使母亲外出工作、将孩子单独留在家里这一社会学上的、经济学上的压力之外——我们将其视为理所当然——然而更为深刻的原因究竟是什么呢？是否是因为父母怀有某种关于自我的形象，并且坚持要在孩子们的身上也创造出一种形象来呢？

西：我明白你所说的。

克：而这个孩子拒绝去怀有该形象——他有他自己的想法。于是亲子之间的战争便爆发了。

西：当我一开始谈到孩子受到伤害的问题时，我所指的便是这个意思。

克：我们还没有触及有关伤害的问题。

西：嗯，孩子与父母之间的最初关系是什么……

克：我怀疑他们是否拥有任何关系，这便是我试图去弄明白的问题。

西：我同意你的看法，关系出了些问题。

克：他们有关系吗？想一想，年轻人走入婚姻，或者仅仅同居而不结婚。他们因为不小心或者有意地有了孩子，但是年轻人自己也还是孩子。他们尚未理解这个世界，尚不懂得有序或者无序——他们只是有了这个孩子而已。

西：没错，这便是所发生的情形。

克：他们养育了子女一两年，尔后说道："看在上帝的份上，我对这个孩子烦透了。"然后便把注意力放到了其他地方。于是这个孩子就会感到失落、感到被遗弃。

西：正是这样。

克：他需要安全感，从一开始他就需要安全感。

西：没错。

克：父母没有给予，或者说没有能力去给予他心理上的安全感，去给予这种"你是我的孩子，我爱你，我会照顾你，我知道你一生都会很棒"的感觉。他们没有这种感觉，他们在数年之后便对为人父母这一角色感到厌烦了。

西：的确。

克：这是否是因为他们——无论是丈夫还是妻子、男孩还是女孩——从一开始就没有任何关系呢？他们之间是否仅仅是一种性关系，一种享受欢愉的关系呢？这是否是因为他们不去接受在欢愉里也会包含痛苦这一法则呢？

西：没错。

克：我试图去探明的是，除了一种生理上的、性方面的、感官上的关系之外，是否还存在着任何其他的关系呢？

西：嗯……

克：我只是在询问，我没有说就是如此，我只是在发出质疑。

西：我并不认为是这样。我觉得他们有一种关系，只不过是一种错误的关系罢了。

克：不存在任何错误的关系。它是一种关系，或者不是任何关系。

西：嗯，那么我们不得不说，他们有一种关系。我认为大多数父母与其子女之间都有一种关系。

博：假设父母和孩子对彼此怀有某种形象，而他们之间的关系便是被这些形象所支配着的——问题在于，这是一种切实存在的关系呢，还是某种对于关系的幻觉呢？

克：一种幻想出来的关系。先生，你有孩子——假如我回到了你身上，请多包涵——你有孩子，你同他们有关系吗？假如从"关系"这一词语真正含义的层面上来说的话。

西：是的，从真正含义的层面上来说，是的。

克：这意味着说，你并不怀有某种关于你自己的形象。

西：没错。

克：你没有将某种形象强加在他们的身上。

西：是的。

克：社会没有将某种形象强加到他们的身上。

西：有些时候似乎是如此……

克：啊，不，这样的回答并不如人意。

西：这是十分重要的一点。

博：如果这是重要的，就不会如此了，这就好像在说一个受到伤害的人也会有不受伤的时候，但是他正坐在这里，等待着当某事发生时有所突变，所以他无法走得太远。这就犹如某个被系在一根绳子上的人，他一达到绳子的终端，就会被固定住。

西：没错。

博：这一机械系统在内部，它是隐藏着的，潜在地支配着我。这就好像一个被系在绳子上的人，他声称："有些时候我可以随心所欲地移动。"然而他无法真的如此。

西：事实上，这似乎正是所发生的情形。

博：我走到了绳子的终端，又或者其他某物猛拉着绳子，在绳子终端上的人永远无法获得真正的自由。

西：嗯，这是千真万确的。我的意思是说，我认为这是千真万确的。

博：同样的道理，一个怀有某种形象的人也永远无法真正地与他人建立联系。

克：是的，这便是问题的关键。口头上你可以说自己与他人有关联，然而实际上你却并不拥有任何关系。

西：只要它是一种形象，那么你就不拥有任何关系。

克：只要你怀有某种关于自己的形象，那么你与他人便没有任何关系。这是一个重大的揭示——你明白吗？这不仅仅是一种理性的陈述。

西：有些时候我会自以为同他人建立了某种关系，然而对方应该对你以诚相待，应该告诉你说，在这一关系之后，必然会出现一种犹如走到绳子的终端而被猛地拉回的状态。

博：绳子的终端。

西：是的，被猛地拉回。你与某人有关系，但是你只能走这么远。

克：当然，这是可以被理解的。

博：然而随后这一形象便始终控制了你与他人的关系，因为该形象是支配性的因素。假如你一旦过了这个点，那么无论发生什么，形象都会取而代之。

克：所以这一形象受到了损害，孩子也因而受伤了，因为你将该形象强加到了孩子的身上。你必然会如此，原因是你怀有某种形象。由于你怀有关于自己的某个形象，那么你就一定也会在孩子的身上创造出一个形象来。

西：正是如此。

克：你是否发现，社会对我们所有人也在做着同样的事情。

博：所以你认为孩子只是十分自然地捡拾起了这个形象，尔后这一形象突然地受到了损害吗？

克：受损害，没错。

博：因此伤害是早已经被预备好了的，而在伤害之前，则是建立起某种形象的过程。

西：没错。例如，有证据表明我们对待男孩和女孩的态度就是有所区别的……

克：不，好好审视一下这个问题吧：不要太快对其进行描述。

博：你知道，假如没有这种建立起某种形象的过程，那么就不会有受伤的基础和结构了。换句话说，痛苦完全是因为某种心理上的事实。尽管我此前享受了声称"我的父亲爱我，我在做着他所希望的事情"所带来的愉悦感——但现在却有痛苦来临——"我没有做他所希望的事情，他不会爱我了"。

西：我认为我们尚未谈及一个感觉自己被忽视的孩子的生理情形。

博：嗯，如果这个孩子被忽视了，那么他必然会在此过程中捡拾起某种形象的。

克：当然。假如你承认，只要父母怀有某种关于自我的形象，那么他们就一定会把这一形象带给孩子……

西：没错。毫无疑问，只要父母是形象的制造者，并且怀有某个形象，那么他就无法看到孩子的存在。

克：并因此将某个形象施加给孩子……

西：正是如此，他会将孩子限定为某个样子。

克：你知道，社会就是这样对待我们每个人的。我们周围的各种宗教和文化都在创造着这一形象,而这个形象受到了损害。那么接下来的问题是:一个人是否意识到了这一切呢?我们的意识的构成部分是什么?

西:没错,没错。

克:意识的内容构成了意识,这是很清楚的。

西:的确。

克:所以,意识的内容之一,或者说正在运作的主要机器、主要发动机和主要运动,便是去制造形象。这种每一个人都会遭受的伤害——能否得到治愈并且永远不会再次受伤呢?也就是说,一个创造并接受了该形象的人类的心灵,这样的心灵能否将这一形象彻底地抛弃,永远不受伤害呢?——这意味着说,意识的绝大部分是空无一物的——没有任何内容。我想知道。

西:它能否如此?我真的不知道此问题的答案。

克:为什么?谁是形象的制造者?制造形象的机器或者过程是什么?我可能摆脱了一个形象,但是又会怀有另一个形象。我是一名天主教教徒、我是一名新教徒、我是一名印度教教徒、我是一名禅宗的僧侣、我是这个、我是那个——你明白了吗?——它们全都是形象。

西:谁是形象的制造者呢?

克:因为,你知道,假如存在着某种形象,那么你如何能够在所有这一切中都怀有爱呢?

西:我们并不怀有足够的爱。

克:我们并未怀有爱。

西:没错。我们所怀有的只是无数的形象,这便是为什么我会说我不知道。

克：怀有这些形象实在是太可怕了，先生——你可明白？

西：是的，我了解形象的制造，我了解。我能够明白，倘若我不去制造出这个形象的话，我也会制造出另一个来的。

克：当然，先生。我们在说的是：停止这部制造形象的机器是有可能的吗？这部机器究竟是什么呢？是否是对功成名就的渴望呢？

西：是的。这部制造形象的机器就是对于出人头地的渴望，就是对于知晓、对于拥有的渴望。不知为何，这种渴望似乎希望去处理如下的感觉，即：假如我不这样的话，我就不知道自己身处何方。

克：困惑、迷失的感觉吗？

西：是的。感觉你会迷失，无法去依赖某个事物，无法拥有任何支持，这种感受滋生出了更多的无序——你明白吗？

博：这是形象之一……

克：这一形象是思想的产物——对吗？

西：它是被思想构建出来的。

克：是的，思想的产物。它经受了各种压力，经过一个庞大的传送带，在传送带的终端，它创造出了一个形象。

西：没错，这是毋庸置疑的。是的，我同意你的看法。

克：这部机器能够停止吗？思想制造出了这些形象，从而破坏了所有的关系，以至于使得爱不复存在——不是口头上的没有，而是真的没有爱存在——那么这种思想能够停止吗？当一个怀有某种自我形象的人声称"我爱我的妻子或孩子"时，他的这番话仅仅是一种情绪主义，一种浪漫的、耽于幻想的感情主义。

西：正是如此。

克：世界上没有爱存在，没有对他人的真正的关怀。

西：的确。

克：穷人不会如此——他们所关心的只是如何去填饱肚子，以及工作、工作、工作……

博：但他们依然怀有许多的形象。

克：当然。他们全都是在纠正着世界的人——对吗？在使世界变得有序的人。所以我问我自己说，这种形象的制造能否停止呢？我所说的停止，并不是偶尔停止，而是永久地停止。因为，倘若不停止制造形象的话，我就不会知道何为爱，我就不会知道如何去关怀他人。而我认为这便是世界上正在上演的情形，因为孩子们真的是一群失落的人，他们失落了灵魂。我遇到过许多这样的孩子，他们遍布于世界的各个角落。他们真的是失落的一代，而那些比其年长的成年人同样也是失落的一代。所以一个人该怎么做呢？什么是关系中的正确行为呢？只要你怀有某个形象的话，那么关系里会有正确的行为存在吗？

西：不会。

克：啊！先生，这是一个重大的问题。

西：这便是为什么我想要去探询的原因。在我看来，你在这里跳开了。你说我们所知道的便是形象，以及形象的制造，这就是我们所知道的一切。

克：然而我们从未说过它是否能够停止？

西：我们从来没有说过它是否可以停止——没错。

克：我们从未这么说过，看在老天的份上，假如不停止制造形象的话，那么我们就将会毁灭掉彼此的。

博：我想说的是，当你说"我们所知道的一切"时，就会有一个阻碍出现。

西：没错。

博：你知道，声称"这便是我们所知道的一切"并没有太大的用处。如果你说这便是我们所知道的一切，那么它就永远不能够停止了。

克：他反对你使用"一切"这个词语。

西：谢谢你。

博：这就是阻碍它的因素之一。

西：嗯，假如我们归结到它的话，那么我们该怎么来解决这一问题呢，即它能否停止呢？

克：我把这个问题抛给你来回答了，你有听到吗？

西：我听到了——是的。

克：啊，那么你的看法是什么呢？

西：它停止了。

克：不，不，我对于它是否停止没有兴趣。你听清楚问题了吗？我所问的是：它能否停止？我们研究、分析这一制造形象的整个过程——它的结果、痛苦、混乱以及无数正在发生的令人惊骇的事情。阿拉伯人有他的形象，犹太人、印度人、穆斯林、基督徒、共产主义者也都有各自的形象，存在着形象的巨大划分。假如这种情形不停止的话，你就会有一个极度混乱无序的世界——你理解了吗？——我将这种制造形象的过程视为一种真实的存在，而非一个抽象的概念，就像我眼中的这朵花一样，是切实存在的。

西:没错。

克:作为人类的一分子,我该怎么办才好呢?因为我个人并不怀有任何形象,我是说真的,我没有关于自我的形象,没有任何结论、任何概念、任何典范——没有任何这些形象,我没有。我问自己说:"我能够做什么?"——当我周围的每一个人都在建立着各种形象,并因此毁灭了这个可爱的地球,这个我们原本打算在其上快乐地生活、拥有和谐美好的人际关系、幸福地仰望蓝天的地球时,我可以做些什么呢?所以,对于一个怀有某种形象的人来说,什么是正确的行为呢?又或者是否并不存在任何正确的行为呢?

西:让我们往前回溯一下。当我对你说"它能否停止"时,你会有何看法呢?

克:我会说:"当然可以。"对我而言这是非常简单的,它当然会停止。你不要接下来问我说:你怎么会如此认为呢?这种停止是如何发生的?

西:当你说"是的,当然"时,我倒真想洗耳恭听一番。那么,你如何认为它会停止呢?让我直接向你提出这个问题来吧——我完全没有任何证据可以说明它会停止,也没有任何经验表明它能停止。

克:我不想要证据。

西:你不想要任何证据吗?

克:我不想要某个人的解释。

西:或者经验?

克:因为它们全都基于形象,未来的形象、过去的形象或是当前的形象。所以我问道:"它能否停止呢?"我认为它能,绝对可以。这并非只是口头上说说以逗你开心。对我而言,这是至关重要的。

西：嗯，我认为我们同意说，它是极为重要的，但问题是它如何停止呢？

克：其实关键并不在于如何停止形象制造的过程。一旦你理解了这一点，你便进入了问题的实质，进入了形象的制造这一机械化的过程之中。假如我告诉你如何终止形象的制造，那么你一定会说，请将具体方法或手段告知与我，如此一来我就可以每天结束旧的形象、获得新的形象了。

西：是的。

克：这便是世界上正在上演的事实。

西：我同意你的说法，是的。

克：事实。不是我对形象的制造这一问题会做何反应，也不是各种关于不应当制造形象的浪漫化的、空想化的理论。它是一个事实，即只要有形象存在，那么世界上就不会有和平与爱。无论它是基督的形象、佛陀的形象，还是穆斯林的形象——你明白吗？世界上将不会有安宁存在。我将其视为一个事实，对吗？今天上午我们说过，假如一个人与这一事实并存的话，那么就会出现一种转变。这也就是说，不要让思想来干涉该事实。

博：因为尔后会有更多的形象出现。

克：更多的形象出现。所以我们的意识为这些形象所充斥着。

西：是的，没错。

克：我是一个来自婆罗门家庭的印度人，按照传统的观点，我要比任何其他人都更为优秀，我是被神特选出来的子民——你明白吗？又比如，我是一个英国人——我的意识为所有这些形象、这些概念所充斥着。

博：当你说与这一事实并存时，可能会冒出来这样一个想法，那便是：这是不可能的，永远不可能做到这样。

克：是的，这是另一个形象。

博：换言之，如果心灵能够与这一事实并存而不予以任何评论的话，那么无论怎样……

西：当你说与这一事实并存时，我脑子里想到的一个事情便是，你正在这儿提倡一种行动。

克：先生，这取决于你，因为你正被牵涉在其中。

西：但这与同该事实并存是不一样的。

克：与这一事实并存。

西：然而我们似乎总是在逃离这一事实。

克：所以我们的意识，先生，便是这些形象——结论、概念……

西：我们总是在逃离。

克：我们的整个心灵都为这些形象所充斥着。假如没有任何形象的制造，那么意识会是什么呢？它将会变成一个截然不同的事物。

博：你认为下一次我们能够谈论一下这个问题吗？

克：是的，明天。

对话6　建立正确的关系（5月20日上午）

克里希那穆提：博姆博士，由于你是位知名的物理学家，所以我想问你，在经历了这四天的对话之后，你认为什么将会使人类改变呢？什么会带来人类意识领域里的根本性转变呢？

博姆博士：嗯，我不知道科学的背景同这个问题很有关系。

克：或许无关，但是在一同谈论了这么长时间以后，不仅是在现在，而且还有此前的几年，那么你认为什么是能量呢？——这里所说的"能量"，是就普通含义而言的，而不是指科学含义的层面——人类似乎相当缺乏的活力、精力和驱动力是什么呢？如果我在听我们三个人的对话，如果我是一名旁观者，那么我会说："是的，对于这些哲学家、科学家和专家来说，这个问题是很有价值的，但它却在我的领域之外，它实在是太遥远了。所以请把问题拉近一些吧，让它与我的生活紧密相关，如此一来我才可以去应对我的生活。"

博：嗯，我认为，在最后一次讨论结束的时候，我们触及了该问题的某个实质，因为我们正在讨论所谓的形象问题。

克：形象，是的。

博：以及自我形象，而且还质疑我们是否必须要怀有这些形象。

克：当然，我们对这个问题展开了探究。但是你知道，作为一个完全置身事外的旁观者，一个头一次听你们三个对话的人，我会说：它怎样才能涉及我的生活呢？它是如此模糊和不确定，需要大量的思考，而我不愿意去费脑子细思量。所以请用简短的几句话来告诉我，我该如何处理我的生活。我在哪里会遇到这一问题？我从何处去审视它？我几乎没有任何时间，我要去办公室上班，我要去工厂干活，我有如此多的事情要忙碌——顽皮的孩子、一个唠叨起来就没完的老婆，还有让我烦恼的贫困问题。你们三个人坐在这里，谈论着一些与我的生活丝毫无关的事情。所以我们能够将这个问题简化一下吗？我如何在普通的日常生活里领会到这个问题呢？

博：嗯，我们能否把这些出现在日常关系中的问题作为思考的起点呢？

克：这便是实质，不是吗？我打算从这个问题来切入。你知道，我与人们的关系便是在办公室中、在工厂里、在高尔夫球场上。

博：或者在家里。

克：或者在家里，在家里会有例行公事、性、孩子（假如我有孩子，假如我想要孩子的话），还会有永无休止的争斗，争斗便是我的全部生活。被侮辱、受到伤害——这便是在我以及我周围的人身上所上演的情形。

博：是的，会有不断的失望。

克：不断的失望，不断的希望，渴望变得更为成功，渴望拥有更多的金钱——渴望拥有更多的一切。那么我怎样去改变我的关系呢？存在的目的或理由是什么？我的关系的根源是什么？今天上午我们是否能够稍微解决一下这个问题呢？然后再继续我们所讨论的内容——这一问题真的是非常重要——即不要去怀有任何的形象。

博：是的，然而正如我们昨天所讨论的那样，我们似乎往往倾向于通过这种形象来相互关联。

克：通过形象，没错。

博：你知道，我怀有某个关于自己的形象，当你与我有关联的时候，我也会怀有一个关于你的形象。

克：是的。

博：尔后这个形象感到了失望、受到了损害，诸如此类。

克：但是我如何去改变这一形象呢？我该怎样击垮这一形象呢？我清楚地知道我怀有某个形象，而这个形象是经由无数个世代被建立起来的。我颇具理性，我对自身有着清楚的意识，因此我知道我怀有这个形象。但是我该怎样将它击垮呢？

博：嗯，正如我所看到的那样，我已经意识到了这一形象，我观察着它的运动。

克：所以我要去观察它吗？我要在办公室里察看它的运作吗？

博：是的。

克：在工厂里、在家里、在高尔夫球场上观察它吗？——因为我的所有关系全都是在这些地方。

博：是的，我会说我必须要在所有这些地方来观察它。

克：事实上，我必须要时时刻刻来察看它。

博：没错。

克：那么我有能力做到这样吗？我拥有能量吗？我经历了各种苦痛，到了一天的最后，我连滚带爬地上了床。你说我应该要具有能量，因此我必须要认识到，关系是最为重要的。

博：是的。

克：所以我愿意放弃某些能量的浪费。

博：哪种浪费呢？

克：喝酒、抽烟、无用的闲谈、无休止地从一个酒吧闲逛到另一个酒吧。

博：不管怎样，这将是一种开始。

克：这将会是开始。但是你知道，我想要所有这些，除此之外还有更多——你明白吗？

博：但如果我能够懂得一切都依赖于……

克：当然。

博：……那么我将不会去酒吧，假如我明白这么做会干扰到我的能量的话。

克：所以，作为一个普通人，我必须要意识到，最为重要的事情便是去拥有正确的关系。

博：是的。倘若我们能够意识到未拥有正确的关系时会发生怎样的情形，那么这将会是一桩好事。

克：哦，当我不拥有正确的关系时，当然……

博：一切都将瓦解。

克：不仅是一切都会瓦解，而且我还会在我的周围制造出巨大的浩劫。所以，通过放弃抽烟、喝酒以及没有休止的无聊闲扯——我是否便能够积聚起能量呢？我能否积聚起能量，而这种能量可以帮助我去面对我所怀有的图景、所怀有的形象吗？

博：这意味着要去探究野心以及许多其他的事物。

克：当然。你知道，我通过一些较为明显的事情作为开始，比如抽烟、喝酒、在酒吧虚度光阴……

西恩博格医生：让我在这里打断你一下。假设我的真实想法是：你将会为我做这件事情，我无法凭借自己的力量来做此事。

克：这是我们最喜欢的设定之一——即我无法凭借自己的力量来做这件事情，因此我必须要找某个人来帮助我。

西：又或者，我是出于绝望才会去酒吧的，因为我无法凭借自己的力量来做这件事情，于是我便希望通过喝酒来使我沉醉、使我麻木，如此一来我便不会再感觉到痛苦了。

博：至少可以让我暂时地忘记所有的不快。

西：没错。我正在向自己证明，我无法仅靠一己之力来做此事这一想法是正确的。通过以这种方式来对待我自己，我将会向你证明我是无法凭借自己的力量来做这件事情的，所以或许你可以帮我来完成它。

克：不，不。我认为我们中间没有任何人意识到了正确关系的绝对重要性，我觉得我们尚未认识到这一点。

西：我同意你的看法，我们还没有意识到。

克：与我的妻子的关系、与邻里的关系、与办公室里那些同事们的关系，以及与自然的关系——我觉得我没有意识到自己的各种关系——它应是简单、宁和、充实而快乐的——没有意识到它的美与和谐。我们能够让那些普通的观众和听众认识到这种关系的巨大重要性吗？

西：让我们试试吧。我们如何能够向某个人传达出一种正确关系所具有的价值呢？你是我的妻子，你常常冲我抱怨和唠叨——对不对？当我疲惫不堪、不愿意去为你做某件事情的时候，而你则认为我应当为你去做此事。

克：我知道，比如去参加聚会。

西：没错。"让我们参加派对吧，你从来不带我出去，你从来不带我去任何地方。"

克：所以，倘若你意识到了关系的重要性，那么你将怎样来应对我呢？我们在生活中碰到过这样的难题。

博：我觉得应当清楚地明白一点，那就是没有人可以为我做某件事情。无论其他某个人做了什么，都不会对我的关系有所影响。

西：你打算如何弄清楚这一点呢？

博：可难道这不是很清楚的吗？

西：这并不明显。作为一个旁观者，我十分强烈地感觉到你应该为我做这件事情，我的母亲从来没有为我做过，所以某个人就必须要为我来做。

博：然而这是不可能做到的，这一点难道不明显吗？这仅仅是一种错觉，因为无论你做什么，我都将处于和以前一样的关系之中。假设你过着完美的生活，我无法加以效仿，所以我还是会像以前那样生活，不是吗？因此我必须要凭借自己的力量来做某件事情。这难道不很清楚的吗？

西：但是我并不觉得能够凭借一己之力去做某件事情。

博：可是你难道不能够明白，假如你不去凭借自己的力量做某件事情的话，那么它无疑还是得继续下去啊。任何关于情势会好转起来的想法都是一种错觉。

西：那么我们是否可以说，意识到我必须要凭借自己的力量去做某件事情，便是正确的关系的开端呢？

克：还包括认识到它的绝对重要性。

西：没错，绝对的重要性。我对于自己所担负的责任。

克：因为你便是世界，世界就是你。你无法逃避这一事实。

博：或许我们可以稍微讨论一下这个问题，因为，对于一个旁观者来说，听到某个人声称"你即世界"，可能会感觉有些奇怪。

克：因为，你就是文化、风土、饮食、环境、经济条件以及你的父辈们的产物——你是所有这一切的产物——你的全部思想便是所有这一切的结果。

西：我认为你们能够明白这一点。

博：没错，这便是你所说的那句"你即世界"。

克：当然，当然。

西：嗯，我觉得你们能够在我所说的某些问题中明白这一点，比如我曾谈到一个感觉自己有权力受到世界看护的人——事实上，这也正是世界的趋向所在……

克：不，先生，这是一个事实。你去往印度，你看到了同样的苦难、同样的焦虑——你来到了欧洲或是美国，所见所闻依然是这番相似的景象，从本质上来说它是一样的。

博：每个人都拥有痛苦、混乱和欺骗这一相同的基本结构。所以，假如我说我便是世界的话，那么我的意思是，存在着一种普遍的、共有的结构，它是我的一部分，我也是它的一部分。

克：我是它的一部分，没错。所以现在让我们从这里继续下去吧。你必须要告诉我的第一件事情——告诉这个生活在你死我活的疯狂斗争中的普通人的第一件事情——便是要认识到，生活里最重要的事情就是关系。如果你怀有某个关于自己的形象，那么你就无法与他人建立起正确的关系。你所怀有的关于他人的形象或者自我形象，都妨碍了关系之美的呈现。

西：正是如此。

博：是的。例如，你怀有某个想法——我在某某关系中是安全的，而在另一个不同的处境下则是不安全的——正是这一想法阻碍了关系的正确展开。

克：没错。

博：因为我将会要求其他人把我放进我所认为的安全的处境之中，你明白吗？

西：是的。

博：但是他可能并不想这么做。

西：没错。所以，假如我怀有某个关于愉悦的关系的想法，那么我就会对其他人提出要求；换句话说，我期待他去认可这一想法，并且以这种认可的方式来展开行动。

博：是的。又或者我可以说，我对于什么是公正和正确怀有某种想法与概念。

西：为了完善我的形象？

博：是的。例如，妻子说道："丈夫应当经常把他们的妻子带去参加派对"——这便是形象的一部分。丈夫也怀有相应的形象，尔后这些形象便受到了损害。

西：我认为我们必须要对这一问题十分的明确。由于人们认为必须要在关系中使该形象得以完善，所以关系就被迫进入到某种模式之中。

克：先生，我理解所有这一切。但是你知道，我们大多数人都并不认真，我们想要过一种简单的生活。尔后你出现了，告诉我说："关系是最为重要的事情。"当然，你所说的十分正确，但是我依然按照过去的方式来生活。我努力想要弄明白的是：什么会使得一个人去认真地聆听我们所谈的内容呢，哪怕只是认真地听上一两分钟？他不会听这些的。假如你前去找某位心理学领域的著名专家，他也不会花费时间来听这个的。专家们全都有他们自己的计划、他们的图景、他们的形象——他们也被这一切所围绕着。所以我们该跟谁来谈呢？

博：跟任何可以聆听的人谈。

西：我们正在同我们自己谈。

克：不，不仅仅是如此。我们在同谁交谈呢？

博：嗯，任何能够倾听的人。

克：这意味着某个稍微认真一点儿的人。

博：是的，我认为我们甚至可以构建出一个我们自己的形象来，即认为自己没有能力做到认真。

克：没错。

博：换句话说，那是很困难的。

克：是的，相当困难。

博：有一个念头说"我想要简单一点儿"，而这个念头则是来自于某个超越了我的能力范畴的形象。

克：正是。让我们从这儿继续往前推进。我们说，只要你怀有某种被思想创造和整理出来的形象，或是愉悦的形象，或是不快的形象，那么就不会有任何正确的关系可言。这是一个显而易见的事实，对吗？

西：没错。

博：是的，倘若没有正确的关系，那么生命便将不再具有任何的价值了。

克：的确，没有正确的关系，生命就不会具有任何意义。我的意识为这些形象所充斥着，对不对？形象构成了我的意识。

西：正是如此。

克：你要求我不去怀有任何形象，就我现在所知，这便意味着没有了意识。对不对，先生？

博：是的，我们能否说，意识的主要部分便是关于自我的形象呢？或许还存在着其他的部分，但是……

克：我们会一探究竟的。

博：我们稍后再来研究这个问题。但是，就现在而言，我们主要是为自我形象所占据着的。

克：是的，没错。

西：自我形象是怎样的呢？它是如何产生出来的呢？

博：我们以前讨论过这个问题。它的困局，就在于以为这一自我是真实的。比如说，此形象可能是我以某种方式在遭受着痛苦，因此我必须要摆脱这种痛苦。而暗藏在这种形象中的含义便是，我是真实的，所以我必须要继续思考这种真实性。于是它就被困在了我们所谈论的这种反馈中——思想予以了反馈，并且建立起了更多的形象。

西：建立起了更多的形象。

博：是的，更多的形象。

西：稍等。我的意识的内容是一系列众多的形象，这些形象相互关联，而非彼此分隔。

博：然而它们全都是集中在自我这一中心之上的。

克：集中在自我之上，当然，自我便是中心。

博：自我被看作是重中之重。

克：没错。

博：这就给予了它巨大的能量。

克：现在我想要了解的是：你在要求我、一个相当认真、相当理性的人，要求作为一个普通人的我去清空这种意识。

西：没错，我在要求你停止这种形象的制造。

克：不仅仅是形象的制造，你还要求我去摆脱形象的制造者——即自我的羁绊。

西：正是。

克：于是我说，请告诉我如何去做。而你则回答道：就在你问我如何去做的那一刻，你就已经在建立某个形象、某种体系和方法了。

博：是的，当你询问说我该如何去做时——你就已经把"我"放置在了中心。这是一个与之前一样的形象，仅仅是内容略有一点儿不同罢了。

克：所以你告诉我说，永远不要去问如何去做，因为"如何"一词便含有"我"在做这件事情的意味，因此我正在创造另一个形象出来。

博：这正好指出了你是如何落入陷阱之中。当你询问说该怎么做时，虽然没有"我"这一词语，但它却是暗含在其中的。

克：是的，暗含在其中。

博：所以你就很容易不知不觉落入这个陷阱里头了。

克：因此你打断了我，并且主张从这里进行下去。使意识得到释放的行动是什么,哪怕只是释放了意识的一个角落、一个有限的部分?我想同你讨论一下这个问题,不要告诉我说该怎么做。我已经理解了,我永远不会再询问该如何做了。就像博姆博士所解释的那样,"如何"一词便暗示性地传达出了是"我"想要去做,而这个"我"正是形象的制造者。

西:没错。

克:我已经十分清楚地明白了这一点。因此,尔后我对你说道,我认识到了这个——我该做些什么呢?

西:你认识到了这一点?

克:是的,先生,我知道了。我时时刻刻都在制造着形象,我十分清楚地觉察出了这一点。因为我已经同你有过讨论,我已经对其予以了探究。在整个谈话期间,我从一开始便已经意识到了关系是生活里最为重要的事情。倘若没有正确的关系,生活便会是一团混乱。

西:了解。

克:这已经牢牢嵌进了我的脑子里。我发现,每一个奉承、每一个侮辱都被记录在了大脑中,尔后思想便将其当作记忆来接管,并且制造出了某个形象,而这一形象则受到了损害。

博:因此,形象便是伤害……

克:……是伤害。

西:正是如此。

克:所以,博姆博士,一个人该如何做呢?我该做些什么呢?这里面包含两件事情——一个是要去防止进一步的伤害,另一个则是要摆脱我所受到的这全部的伤害。

博：可这二者是同样的原理。

克：我认为这里面包含有两个原理。

博：是吗？

克：一个是防止伤害，另一个则是除去我所受到过的伤害。

西：这不只是我希望防止进一步的伤害。在我看来，事实上，你应该首先说明一下我要如何意识到我是怎样接受他人的奉承的。我希望你明白，假如我对你予以恭维，那么你的内心便会产生一种巨大的涌动，尔后你会对自己产生某种幻象。所以现在你已经怀有了关于自己的某个形象，以为你就是符合这一恭维话的出色之人。

克：不，你已经十分清楚地告诉我说这是同一个硬币的两面，愉悦和痛苦都是一样的。

西：一样的，没错。

克：你告诉过我这个。

西：是的，我跟你这么说过。

克：我对此已经理解了。

博：这二者都是形象。

克：都是形象，没错。所以，你并没有在回答我的问题。我该怎么做呢？我已经意识到了所有这一切，我是一个相当聪慧的人，我阅读过大量书籍，一个普通人——我个人并没有阅读，所以这是一个我所谈论的普通人——我已经讨论过这个问题，我明白所有这些是何等的重要——于是我询问说，我该如何来结束它呢？不是方法，不要告诉我该做什么。我不会接受，因为这对我而言毫无意义——对不对，先生？

博：嗯，我们所讨论的是，储存起来的伤害与将要到来的伤害之间是否存在着差别。

克：没错，这就是我必须要去了解的第一件事情。请告诉我。

博：嗯，在我看来，从根本上来说，它们是在相同的原理上运作的。

克：何以见得呢？

博：嗯，如果你驱走了一个即将到来的伤害，那么我的大脑便已经被安排着要用某个形象来进行回应了。

克：我不太理解，说得简单一点儿好吗？

博：嗯，实际上，在那些过去的伤害与现在的伤害之间并不存在任何差别，因为它们全都来自过去。我的意思是，全都来自对过去的反应。

克：所以你是在告诉我，不要把过去的伤害与未来的伤害划分开来，因为形象是同样的。

博：正是，过程是一样的。我可能会记起过去的伤害，而它与其他某个我正在受到的侮辱是同样的。

克：是的，是的。所以你在告诉我说，不要把过去的伤害与将来的伤害划分开来。存在的只有伤害。因此审视一下该形象，不要从过去的伤害或者将来的伤害这一层面上来看待它，就只是审视一下这个既是过去又是将来的形象。

博：是的。

克：对吗？

博：然而我们所说的审视一下该形象，指的并不是去察看它的特定内容，而是去察看其总体的结构。

克：是的，是的，没错。那么我接下来的问题是：我该怎样审视它呢？因为我已经怀有了某个我将要去察看的形象。你用话语向我做出了承诺，虽然并不是很明确的承诺，但是给予了我一种希望，即假如我拥有了正确的关系，那么我就将过上分外美丽的人生，我将会懂得何为爱——因此这一想法已经让我兴奋不已了。

博：那么我必须要认识到这种形象。

克：是的，是的。所以，我该如何来看待这一形象呢？我知道我怀有某个形象，不仅是一个形象，而且是好几个形象，然而形象的中心则是"我"——我明白所有这一切。那么我该如何来察看它呢？我们可以现在就进行吗？观察者与他所观察的事物是不同的吗？这便是问题的核心所在。

博：是的，这就是问题的关键。

克：是的，是的。你知道，先生，会发生什么呢？假如观察者与所观之物是不同的，那么就会有时间上的间隔，而在这种间隔中则会有其他的活动发生。

博：嗯，是的，在这种时间的间隔里，大脑会放松自己，进入某种更为愉悦的事物中去。

克：没错。哪儿有划分，哪儿就会有冲突。所以你告诉我说要学习观察的艺术，这也就是说：观察者即所观之物。

博：是的，但我认为我们可以首先审视一下我们的整个局限性，这许多的条件限定告诉我们说：观察者与所观之物是不同的。

克：不同的，当然。

博：或许我们应当审视一下这个，因为这就是每一个人所感受到的。

克：即观察者是不同的。

博：通常，当我想到我自己的时候，这一自我是一种真实的存在，它不依赖于思想，你明白吗？

克：是的，我们认为它是不依赖于思想的。

博：并且认为自我便是这一真实存在的观察者。

克：相当正确。

博：自我、即观察者，不依赖于思想，它在思考，它在产生思想。

克：但它是思想的产物。

博：是的，这就是困惑之处。

克：先生，你是在告诉我说，观察者是过去的产物吗？

博：正是，一个人能够看到这一点。

克：我的记忆、我的经历——这便是全部的过去。

博：是的，但我觉得观察者或许会发现，假如他尚未对其展开探究的话，那么明白这一点将会稍微有些困难。

西：我认为，非常困难。

克：我倒觉得相当简单。

西：你的意思是？

克：难道你不是活在过去之中吗？你的生活便是过去。

西：没错，是的。

克：过去的记忆、过去的经历。

西：是的，过去的记忆、过去的"变成"。

克：你由过去来设计未来。

西：的确如此。

克：你希望你将会很好，你的未来将会有所不同。这始终是一个由过去到将来的过程。

西：没错，我们就是这么生活的。

克：那么过去便是我，这是当然的。

博：然而它看上去似乎是某种不依赖于思想的事物……

克：它是独立的吗？

博：不是，但……

克：我知道，这便是我们正在询问的问题。"我"是独立于过去而存在的吗？

博：看上去似乎"我"正在这里审视着过去。

克："我"是过去的产物。

西：没错，我能够明白这一点。

克：你是怎样明白的呢？

博：从理性上。

西：从理性上。

克：你在开玩笑。

西：作为一名知识分子，我看到了这一点——没错，没错。我从理性上明白了这一点。

克：你从理性上看到了这张桌子吗？

西：不。

克：为什么？

西：这里有一种直接的感知。

克：为什么没有直接感知到"你即过去"这一真理呢？

西：因为时间出现了，我想象着我已经经历了这一时间。

克：你所说的"想象"指的是什么？

西：三岁的时候，我怀有某个关于自己的形象；十岁的时候，我怀有某种自我形象；十七岁的时候，我怀有某种自我的形象。我认为它们在时间上顺次而来，我发现我自己是在时间的维度上发展起来的，现在的我与五年前的我是不一样的。

克：是吗？

西：我将告诉你说，我就是这样怀有该形象的，怀有这一顺次发展起来的形象。

克：我理解所有这些，先生。

西：我是一个记忆的仓库、一个累积事件的仓库。

克：也就是说，时间产生出了这一切。

西：没错，我明白了，没错。

克：那么什么是时间呢？

西：我刚刚已经向你描述过了，时间是一种运动……我从三岁这一时间开始运动。

克：从过去，它是一种运动。

西：没错，从三岁到十岁，再到十七岁。

克：是的，我了解。那么，这种运动是一种真实的存在吗？

西：你所谓的"真实的存在"指的是什么？

博：又或者它是否是一种形象呢？它究竟是一种形象，还是一种真实的存在呢？我的意思是，假如我怀有某个关于自己的形象，而这一形象声称"我需要这个"，那么它或许就并不是一个真实的事实——对吗？它仅仅是……

克：形象并不是一个事实。

西：没错。但我感觉……

克：不，你的感觉就好像是在说"我的经历"。

西：不，我是在描述一种真实的……

博：然而这就是形象这一问题的整个要点所在，即它模仿了某个真实的事实，于是你便感觉它是真实的。换句话说，我感觉我真的在这儿——是一个正在审视着过去、审视着我是如何发展起来的真实的存在。

西：没错。

博：然而我在审视着过去是否是一种事实呢？

西：你的意思是什么？我感觉我在审视着过去，这是一个真实的事实。

博：是的，可这是否是一个真实的事实呢？

西：不，不是。我可以看到我的记忆的错误，而这种记忆在时间上构造了我。我的意思是，很明显，我要比我能够记得的三岁时的我更加丰富；我要比我可以记起来的十岁时候的我更加丰富。显然，在我十七岁那一年所发生的事情，要比我关于十七岁的记忆多得多。

博：是的，然而现在"我"正在这里审视着这一切。

西：没错。

博：但他是否真的存在于这里、在察看着这一切呢？这就是问题。

西：是否正在审视过去的"我"？

克：……是一种真实的存在呢？就像这张桌子一样。

西：嗯，让我们……

克：紧扣主题，紧扣主题。

西：我正打算这么做。真实存在着的是这种发展，这一顺次发展着的形象。

博：以及正在审视这一切的"我"吗？

西：以及正在审视这一切的"我"，没错。

博：然而，或许实际上审视着这一切的"我"也是一种形象、一种顺次发展起来的形象。

西：那么你是说这个关于"我"的形象是……

克：……是不真实的。

博：它并不是一种独立于思想的真实存在。

克：所以我们必须要回过头去探明一下什么是真实。

西：没错。

克：我们说，真实便是思想整理而成的一切。桌子、幻想、教堂、国家——思想所创造出来的一切就是真实。然而自然并不属于这种真实，它不是由思想梳理而成的，尽管如此它却是一种真实的存在。

博：它是一种不依赖于思想的真实。然而正在审视事物的"我"是否也像自然一样，是一种不依赖于思想的真实存在呢？

克：这便是问题的关键，你是否理解了呢？

西：是的，我开始渐渐明白了。

克：先生，就让我们简单一些吧。我们认为我们怀有各种形象；我知道我怀有许多的形象，你告诉我说要审视它们，要察觉到它们，要感知到它们。感知者和被感知的对象是不同的吗？这就是我全部的问题。

西：我知道，我知道。

克：因为，假如他与所感知的事物是不同的，那么这整个过程就将变得不确定了——对不对？可如果不存在区别，如果观察者就是所观之物,那么全部问题就会改变了。

西:没错。

克:对不对?所以观察者是否与所观之物是不同的呢?答案显然是否定的。因此,倘若没有观察者,那么我能够看到这一形象吗?当没有观察者的时候,会有形象存在吗?因为正是观察者制造出了该形象,观察者就是思想的运动。

博:那么我们不应当将其称为观察者,因为它没有在察看。我认为语言混淆了这一点。

克:语言存在着混淆,是的。

博:因为,倘若你说它是一个观察者,那么这就意味着它是某种在察看的事物。

克:是的,相当正确。

博:你的真正含义是,思想是运动着的,它创造出了某个仿佛正在察看的形象,然而并没有任何事物在被察看着。

克:是的。

博:因此也就不存在观察者。

克:没错,但是我们换一种方式来探讨一下这个问题:倘若没有思想,那么会有思想者吗?

博:不会。

克:正是。倘若没有体验者,那么会存在某种体验吗?所以你要我去审视我的种种形象,这是一个非常严肃的要求。你主张在没有观察者的情形之下来察看它们,因为观察者便是形象的制造者,假如不存在观察者,假如不存在思考者,那么也就没有思想——对不对?因此不存在任何形象。你已经向我指出了某种格外重要的事物。

西：正如你所说的那样，问题彻底改变了。

克：彻底改变了。我没有任何形象。

西：感觉彻底不同了，就仿佛体验到了一种寂静。

克：所以我说，我的意识便是世界的意识，因为，从本质上来讲，它为思想的各种事物所充斥着——悲伤、恐惧、欢愉、绝望、焦虑、依附、希望——它是一种混乱，在它里面包含了一种深切的痛苦，所以我无法与任何人拥有正确的关系。

西：没错。

克：因此你对我说：拥有最重要、最负责的关系，便是不去怀有任何形象。你已经向我指明，倘若想要摆脱这些形象的羁绊，那么形象的制造者就必须要消失。而形象的制造者便是过去，是这个声称"我喜欢这个、我不喜欢那个"，是这个说着"我的妻子、我的丈夫、我的家"的观察者。我已经明白了这一点。那么接下来的一个问题是：这些形象是否是隐藏着的，以至于我无法抓住它们呢？你们这些专家告诉我说存在着许多隐藏着的形象——于是我说道："啊，他们应该比我知道的多得多，所以我必须接受他们所说的。"然而我该怎样来挖掘出它们、揭示出它们呢？你知道，你将我——这个普通人，放在了一个可怕的处境之中。

西：一旦你清楚地知道观察者即所观之物，那么你就不必去挖掘出它们了。

克：因此你是说无意识是不存在的。

西：没错。

克：你，一位同你的病人们不停谈论着无意识的精神学专家，居然会说没有无意识存在？！

西：我没有。

克：你说不存在无意识。

西：没错。

克：我同意你的看法，我认为正是如此。在你明白观察者即所观之物，明白观察者便是形象的制造者的那一刻，它便完结了。

西：完结了，没错。

克：正是如此。所以我所知道的意识、我生活在其间的意识，已经经历了一种巨大的转变，是不是？对你来说是这样的吗？如果我可以要求博姆博士——要求你们两个人、要求我们所有人——认识到观察者即所观之物，认识到形象的制造者因此将会不再存在，所有意识的内容便不是像我们所知道的那样了——那么会发生什么呢？

西：我不知道你如何会说……

克：我在询问这个问题，因为它包含了冥想。我之所以会问这个问题，原因在于所有的虔诚之士，那些探究过这一问题的真正严肃的人们懂得，只要我们每天的生活都处在这种意识的领域之内——及其所有的形象和形象的制造者——那么无论我们做什么，都将依然处在这个领域之中，对吗？这一年我或许成为了一个禅宗的僧侣，过一年我又可能去追随某位上师，诸如此类，然而它总是在这一领域之内。

西：没错。

克：所以，当没有了任何思想的运动，也就是没有了形象的制造时——将会发生什么呢？你明白了我的问题吗？当时间即思想的运动停止时,会有什么存在呢?因为你已经把我引向了这一点。我对此相当的明了。我曾经尝试过禅宗的冥想,我曾经尝试过印度教的冥想,我尝试过所有其他痛苦的修行。尔后我听到了你的观点,于是我说道:"啊,这些人的看法真是非同凡响。他们声称,在没有了形象的制造者的那一刻,意识的内容就会经历一种根本性的转变,思想会停止——除了那些在正确的位置上运作着的思想以外。"思想结束,时间停止。尔后会发生什么呢?是死亡吗?

西:是自我的死亡。

克:不,不。

西:是自我的消亡。

克:不,不,先生,不仅仅如此。

西:是某种事物的终结。

克:不,不,请仔细听好。当思想停止时,当没有了任何的形象制造时,意识的领域里便会发生一种彻底的变革,因为没有了焦虑、没有了恐惧、没有了对愉悦的追求、没有了任何会制造出混乱与分隔的事物。尔后将会出现什么呢?将会发生什么呢?不是一种体验,因为体验已不在。会发生什么呢?我必须要去探明这一点,因为你或许正在把我引向一条错误的道路!

对话 7　探明死亡的含义（5 月 20 日下午）

克里希那穆提：在经历了这个上午之后，作为一名局外人，你已经让我变得彻底地空无一物了，没有任何将来、没有任何过去、没有任何形象。

西恩博格医生：没错。某个在今天上午观察着我们讨论的人说道："我怎样才能每天早上从床上爬起来呢？"

克：我认为关于怎样在清晨从床上爬起来这一问题相当地简单，因为生活要求我有所行动，而非仅仅是待在床上度过我的余生。你知道，作为一个目睹这一切、聆听这一切的旁观者，我感到自己处在一种毫无进展、无法克服障碍的状态。我十分清楚地理解你们所说的，乍一看，我已经抗拒了所有的体系、所有的上师，抗拒了这个冥想或那个冥想。之所以丢弃了所有这一切，是因为我已经懂得冥想者就是冥想这一道理。然而我是否已经解决了我的悲伤这一难题呢？我是否已经知道了爱的含义是什么呢？我是否已经理解了什么是慈悲呢？——而并非只是停留在理性上的认识。在这些对话的最后，在同你们讨论之后，在聆听了你们的看法之后，我是否已经拥有了慈悲这一令人惊异的能量呢？我是否已经终结了我的悲伤呢？我是否已经知道爱某个人、爱整个人类是什么意思呢？

西：确实如此。

克：的确是这样。

西：……不仅仅是单纯的谈论。

克：不，不，我已经超越了所有这些。你还没有向我指明什么是死亡。

博姆博士：是的。

克：我尚未了解死亡这一事物，你还没有同我谈及过死亡。所以在今晚我们结束之前，我们将会涉及相关问题。

博：我们可以从有关死亡的问题开始吗？

克：是的，让我们将死亡这一问题作为讨论的起点吧。

博：关于今天上午我们所讨论的内容，我突然想到了这样一点：当我们懂得观察者即所观之物这个道理的时候，这便是死亡。从本质上来讲，这就是你所说的内容。那么由此又滋生出了一个新的问题：假如自我仅仅是一种形象，那么死亡的事物是什么呢？假如形象消逝了——形象并非是真实存在的事物，那么这就不是死亡——对不对？

克：没错。

博：所以是否有真实的事物死亡了呢？

克：存在着生理上的死亡。

博：现在我们并不是在说这个，你是在讨论某种其他类型的死亡。

克：今天上午我们讨论说，如果我的意识里完全没有任何形象存在，那么就会有死亡。

博：这便是问题的要点，不过它还不太清楚，死去的是什么呢？

克：形象消亡了，"我"死去了。

博：然而这是一种真正的死亡吗？

克：啊，这正是我想要去探明的。

博：是否存在着必须要消亡的事物——真实的事物？换句话说，假如一个机体死亡了,那么就是某种真实的事物消亡了。然而当自我消亡时……

克:啊,然而迄今为止我所接受的看法是,自我是一个极为真实的事物。

博:是的。

克:尔后你们三个人出现了,告诉我说,这个形象是虚幻的。我也理解了这一点。让我有点儿感到惊恐的是,当它消亡的时候,当不再有任何形象存在的时候,便会有某种事物的终结。

博:正是,嗯,终结的是什么呢?

克:啊,这是一个很好的问题,是什么结束了呢?

博:终结的是某种真实的事物吗?你能否说某个形象的消亡根本就不是真正意义上的终结——对吗?

克:完全不是……

博:如果结束的只是某个形象,这就仅仅是一种消亡的形象而已。我想要表达的是,假如只是某个形象消亡了,那么这算不上是真正意义上的终结。

克:是的,这正是我想要去探明的。

博:是吗?你知道我的意思是什么吗?

克:假如这仅仅是某个形象的消亡……

西:……那么终结的事物就非常之少。

博:这就好像把电视机关掉一样。这便是死亡吗?又或者是否有某种更为深层次的事物消亡了呢?

克:哦,更加深刻得多的事物。

七篇对话 | **149**

博：更加深刻的事物消亡了？

克：是的。

西：形象制造的过程怎么样了呢？

克：不，不，我会说这并不是某个消亡的形象的结束，而是某种更为深刻的事物。

博：但这依然不是机体的死亡。

克：依然不是机体的死亡，当然。机体将或多或少……

博：……继续存在下去，直到某个点。

克：直到某个点，是的，会有疾病、事故和老迈。形象的终结相当的简单，也很容易被接受，但这只是一个非常浅显的池塘。

博：没错。

克：你取走了池塘里面那原本量就很少的水，于是池子里只会有一些泥浆剩下，也就是空无一物。所以会有更多的东西存在吗？

西：消亡的？

克：不，不是指消亡的事物，而是指死亡的含义。

西：除了消亡的形象之外，还存在着其他的事物吗？又或者死亡的含义不仅仅局限于形象的消亡呢？

克：这正是我们在探询的问题。

西：是否存在着某种要比形象的消亡更大一些的事物呢？

克：很显然，一定存在着这样的事物。

博：这一含义是否包括了机体的死亡呢？

克：机体或许可以继续存在下去，但它最后还是会走向终结。

博：是的，但假如我们将死亡的含义当作一个整体来看待的话，那么我们也将会懂得机体的死亡指的是什么了。然而在自我形象的消亡中是否还有某种含义存在呢？同样的含义？

克：我应当说，这只是非常小的一部分。

博：非常小的一部分。

克：这是非常、非常小的部分。

博：然而在可能消亡了的自我形象之外，是否存在着某种创造出了这一自我形象的过程或者结构呢？

克：是的，这就是思想。

博：这便是思想。那么你是在讨论思想的死亡吗？

克：这又流于表面化了。

博：在这里面存在着某种超越了思想的事物吗？

克：这正是我想要去了解的。

西：我们正试图探明死亡的含义。

博：我们对此还不太清楚。

西：……超越了自我、思想或形象的死亡。

克：不，仔细想一想：形象消亡了，这是相当简单的。

西：没错。

克：这是一个极为浅显的事情。尔后会有思想的终结，也就是思想的消亡。

博：你说思想要比形象更为深刻，但依然不是十分的深刻。

克：不是太深刻。那么还有更多的事物存在吗？

博：你所谓的"更多"是什么意思呢？更多的存在着的事物？抑或更多的必须要消亡的事物？

西：它是某种正在发生着的、具有创造力的事物吗？

克：不，不，我们正打算去探明。

博：然而我的意思是，当你说"是否还有更多的事物存在"时，你的问题并不是十分清晰。

克：死亡必须要具有某种极为重要的含义。

博：然而你是说，死亡对于一切事物、对于整个生命而言都具有一种意义、一种重要性吗？

克：对于整个生命而言。

博：这种看法尚未得到普遍接受。如果我们所考虑的是观察者，那么死亡便具有这种重要性。而此刻当我们活着的时候，死亡便是……

克：……便是在生命的末端。

博：……在生命的末端，我们力图要将其忘却。

克：是的。

博：力图让它不突出、不显眼。

克：然而正如你们三个人①所指出来的那样，我的生活处在混乱之中，我的生活是一种永无休止的冲突……

博：没错。

克：这便是我的生活。我依附于已知，而死亡则是一种未知，所以我对其感到惧怕。然后你出现了，说道："看吧，死亡是形象以及形象制造者的部分终结，但死亡要比这个空无一物的茶碟具有更为重大的意义。"

---

① 克里希那穆提在这本书中，有时候会以旁观者的身份发问，因此说成是"你们三个人"。——译者注

博：嗯，为什么它应该具有更为重要的意义呢？你是否能够将此问题说得更加清楚一些？

西：为什么它该如此？

克：难道生活仅仅是一个浅显的、空无一物的池子吗？到最后只剩下一些没有任何意义的泥浆？

西：为什么你会认为它是某种其他的事物呢？

克：我想要知道。

博：然而即使它是其他的事物，我们也必须要去询问为什么死亡是一把打开理解之门的钥匙。

克：因为它是万事万物的终结，现实的终结，我所有的概念、所有的形象的终结——所有记忆的终结。

博：然而这存在于思想的终结之中，对吗？

克：是的，思想的终结。它还意味着时间的终结。

博：时间的终结。

克：时间将会完全停止。我们此前曾经说过，过去与现在相遇并且继续展开下去，那么假如从这一含义上来说的话，将不会有未来存在。

博：从心理层面上来讲的话。

克：是的，从心理层面而言，当然，我们是在从心理层面上来说的。心理上的一切的终结。

西：没错。

克：这便是死亡。

博：当你的机体死亡的时候，对于这一生命体而言，一切便都终结了。

克：当然，当机体死亡时，它便终结了。不过稍等一下。假如我没有终结形象，那么制造形象的一连串活动仍将继续下去。

博：它在哪里继续呢？这一点还不太清楚啊。在其他人那里吗？

克：它会在其他人身上显示出自己来的。这也就是说，我死亡了，这一机体消逝了，在最后一分钟，我依然带着我所怀有的那个形象。

博：是的，那么会发生什么呢？

克：这个形象与其他的形象，比如你的形象、我的形象具有连续性。

西：的确。

克：你的形象与我的形象并无不同。

西：没错，我们分享这一形象。

克：不，不，不是分享它，这是不同的。它或许稍微薄弱一些，又或者拥有更多一些的特性，然而从本质上来说，我的形象便是你的形象。

西：对的。

克：所以形象的制造过程在持续不断地运作着。

博：嗯，它在哪儿发生呢？在人们那里吗？

克：是的，它在人们的身上显示着自身。

博：你是以一种更为普遍、更为通常的方式来感受它的吗？

克：是的，更加普遍的方式。

博：这相当的奇怪。

克：什么？

博：我是说想到这个会感觉十分的奇怪。

克：是的。

西：它就在这里。就像一条河流，就存在于此处。

克：是的，它就存在于此。

西：它在这一连串的流动中彰显着自己。

博：在人们身上。

西：我们所称的人们。

克：不，所谓的一连串的流动，指的是形象的制造者以及所制造出来的种种形象。

博：你不仅是在说它是所有头脑的总和，你所指的是更多的事物？

克：它是所有头脑的产物，在人们一出生的时候，它就在他们的身上显示着自己了。

博：正是。

克：就这些吗？让我们不妨说，是的。死亡是否让你感觉到了这种巨大、永不停息、无始无终的影响呢？生命必须要具有无限的深度。

博：是的，正是死亡将这种无限的深度为我们铺展开来。

克：死亡将这种无限的深度展现开来。

博：然而我们说它并不仅仅是形象制造的终结。你知道，这一点并不是太清楚。是否有某种真实的事物妨碍了它去认识自身呢？

克：是的，它通过形象以及思想的制造者阻碍了自身。

西：形象的制造以及思想的制造都阻碍了这种更为伟大的……

克：稍等一下。仍然存在着其他的阻碍、更深的阻碍。

博：这正是我试图要去探明的。存在着更深的阻碍，这些阻碍是真实的。

克：真实的事物。

博：它们实际上必须要消亡。

克：正是。

西：这就像是你所谈到的那种流动吗?

克：存在着一股悲伤之流,不是吗?

博：悲伤要比形象更为深刻吗?

克：是的。

博：这很重要。

克：的确。

西：你这么认为吗?

克：难道你不这么看吗?

西：我是这么觉得的。

克：务必小心,先生,这是非常严肃的。

西：没错。

博：你是否会说悲伤和痛苦是一样的,只是字眼上有所不同而已?

克：不同的词语。

西：悲伤要比这种形象的制造更加深刻。

克：难道不是吗? 人类数百万年都带着悲伤过活。

博：嗯,我们是否可以对悲伤这一问题多谈一点儿呢? 它要比痛苦更甚一些。

克：远胜过痛苦,远胜过失落,远胜过失去某人。

西：它是比这一切更为深刻的事物。

克：比这些更加深刻。

博：它超越了形象,超越了思想。

克：当然,它超越了思想。

博：超越了思想，以及我们通常所说的感受。

克：当然，超越了感受和思想。那么悲伤能够终结吗？

西：在你继续说下去之前，我想打断一下——你是说这股悲伤之流是一种与形象制造之流不一样的流动吗？

克：不，它是这股流动的一部分。

西：同一股流动的一部分？

克：同一股流动，但要更为深层一些。

博：那么你是说存在着一种极为深层的流动，而这种形象的制造便处于该流动的表层吗？

克：正是。

博：没错，表层的水波，对吗？你是否会说我们已经了解了这股流动的表层的水波，也就是我们所谓的形象的制造呢？

克：是的，没错，形象的制造。

博：悲伤中的烦扰则出现在了形象制造这一表层的水波之中。

克：没错。

西：所以我们现在必须要潜入到深海中去！

克：你知道，先生，存在着人类共有的悲伤。

博：是的，不过让我们努力将其阐释清楚吧，并不仅仅是说存在着不同人的全部悲伤之和……

克：不，不。河流的水波不会带来慈悲或爱——我们已经说过，慈悲和爱是同义的，因此我们将使用"慈悲"一词。水波不会带来这个。倘若没有慈悲，人们将会彼此毁灭。所以慈悲是否会伴随着悲伤的终结而到来呢？这里所说的悲伤，并非指那种由思想制造出来的悲伤。

博：在思想里，你会有对自我的忧伤——对吗？

克：是的，对自我的忧伤。

博：也就是自怜。

克：是的，自怜。

博：现在你说还存在着另一种悲伤，一种更为深刻的悲伤。

克：是的，有一种更为深刻的悲伤。

博：它是某种普遍的、共有的悲伤。

克：没错。

西：我们能否对其予以清楚的说明、展开深入的探究呢？

克：你难道不知道这种悲伤吗？你难道没有意识到一种比思想的痛苦、比自怜自哀更为深刻的悲伤吗？

博：它是忧伤于人类处在自身无法摆脱的状态中吗？

克：从某个方面来说是如此，它还意味着忧伤于人类的无知。

博：是的，人类是无知的，而且无法从无知中解脱出来。

克：无法摆脱这种无知的状态。而对这种悲伤的感知便是慈悲。

博：没错。那么没有感知便是悲伤吗？

克：是的，是的，是的。我们是否是在审视同一个事物呢？

西：不，我并不这么认为。

克：比如说，你发现我处于无知的状态。

博：又或者我发觉整个人类都处在无知之中。

克：全人类都处于无知的状态。无知在我们所讨论的层面上来说——也就是，形象的制造者……

博：不妨让我们说，假如我的心灵真正实现了正确、良善和明晰，那么这就应当对我产生一种深刻的影响。

西：什么会对我产生一种深刻的影响呢？

博：那就是要察觉到这种可怕的无知，这种巨大的破坏力。

克：我们正在一探究竟。

西：没错，没错。

克：我们将会察明的。

博：不过，假如我没有完全地认识到这种无知，假如我开始逃避对它的感知，那么我就同样处在无知之中。

克：是的，也会处于无知的状态。

博：觉得这种人类共有的悲伤仍然是某种我能够感受到的事物，你是打算这么说吗？

克：对的。

博：尽管我对它的含义并不是太理解。

克：不，不。我可以感觉到思想的痛苦。

博：思想的痛苦。但是我能够感受到或者说以某种方式意识到那种人类共有的悲伤。

克：是的。

博：没错。

西：你说存在着人类共有的悲伤，那么你是否感觉到了它……

克：你可以感觉到它。

博：感受到或者意识到它。

克：忧伤于人类以这种方式来生存。

博：这是否是它的本质呢？

克：我正要进入到这个部分，让我们来一探究竟吧。

博：关于这个问题，除了我们所谈到的这些，是否还有更多可以探寻的呢？

克：是的，还有更多可以探究的内容。

博：那么或许我们应当努力对其展开详尽的说明。

克：我正在努力。你看到了我的生存状态：我过着普通的生活，我活在悲伤、恐惧和焦虑之中，我怀有自哀自怜的情绪。而你，一位已被启迪的人士，看着我，于是我说道："你难道对我没有满怀忧伤吗？"——这便是慈悲。

博：我会说这是一股由该状态所激发起来的巨大能量。

克：正是。

博：可你会将其称为悲伤还是慈悲呢？

克：慈悲，它是悲伤的结果。

博：然而你是否首先感到了悲伤呢？我的意思是，这位已被启迪的人士是否先感觉到悲伤，尔后才心生怜悯之情呢？

克：不是。

西：或者是以其他的方式呢？

克：不，不是的。我们的探寻务必格外小心。你知道，先生，你所说的是一个人必定是首先感觉到了悲伤的情绪，尔后才萌生了慈悲之心。

博：我没有这么认为，我只是在探寻。

克：是的，你是在探寻。你经由悲伤走向了慈悲。

博：这似乎就是你所要表达的。

克：这意味着说我必须要经历人类所有的恐怖……

西：没错。

博：嗯，让我们不妨说，这位已被启迪的人士认识到了这种悲伤，认识到了这种破坏，于是他感到了某种巨大的能量——我们将这能量称为慈悲。

克：是的。

博：他是否了解到人类处于悲伤之中……

克：当然。

博：……然而他自己并不处于悲伤的状态。

克：没错，没错。

博：可是他感到了一股巨大的能量，于是想要去做些什么。

克：是的，巨大的慈悲的力量。

西：那么你是否会说这个已被启迪的人感知到，或者说察觉到了冲突、笨拙、浮躁以及生活的失落，但是他并没有意识到悲伤？

克：不，先生，西恩博格医生，请仔细听好。假设你已经历了所有这一切——形象、思想、思想的痛苦、恐惧和焦虑，于是你说道："我已经了解了所有这一切。"你拥有能量，可这是极为浅显的事情。那么生活是跟所有这一切一样的浅显呢，还是具有一种无限的深度呢？"深度"一词或许不太恰当。

博：嗯，是的，"内在"这个词语会不会更加合适一些？

克：内在，是的。要想将其探明，你难道不应该对一切已知的事物都抱持一种漠然的态度吗？

博：但是这如何同时又跟悲伤有关呢？

克：我将会去探明这一点的。你或许会感觉到我是一个无知的人，感觉到我的内心充满了焦虑与恐惧。而你则超越了这些，你已经步出了这股悲伤之流。所以你难道不会对我怀有怜悯之情吗？

西：当然会。

博：会对你心生慈悲。

克：是的，悲悯。这是否是悲伤、人类共有的悲伤终结了的结果呢？

博：共有的悲伤？你提到了悲伤的终结，那么你是在谈论一个以处于悲伤的状态作为开始的人。

克：是的。

博：而且这种共有的悲伤在他的身上终结了，这是你要说的看法吗？

克：不，不止于此。

博：不止于此？嗯，我们必须要把探究的步伐放慢一些了，因为，假如你说共有的悲伤终结了，那么声称它依然存在着就会使人感到迷惑了，你明白吗？

克：什么？

博：你说如果共有的悲伤终结了，那么它就会消失不在了。

克：啊，它依然存在着。

博：依然存在，语言上有些让人迷惑不解。

克：是的，是的。

博：所以，从某种意义上来说这种共有的悲伤终结了，但从另一种意义上来说它则继续存在着。

克：没错，正是如此。

博：我们能否说，倘若你洞悉了悲伤的本质，那么悲伤就会终结在这种洞悉之中。你是这个意思吗？

克：是的，是的。

博：尽管……

克：尽管它依然继续存在着。

西：我有一个更为深层次的问题，那便是……

克：我不认为你已经理解了。

西：哦，我觉得我已经理解了这一点，但是我的问题此前便出现了，那就是形象的制造已经消亡了——对吗？也就是那些表层的水波。现在我进入到了悲伤之中。

克：你已经没有了思想的痛苦。

西：没错，思想的痛苦已经消失了，但却存在着一种更为深层的悲伤。

克：是吗？抑或你认为存在着一种更深层的悲伤？

西：我正努力去理解你所说的。

克：不，不。我是在说：是否存在着与思想无关的慈悲？又或者这种慈悲源于悲伤呢？

西：源于悲伤？

克：所谓来自悲伤，是从当悲伤终结时便会有慈悲出现这个意义上来说的。

西：好的，这么说会稍微清楚一点儿。当思想的痛苦……

克：不是个体的痛苦。

西：是的。当悲伤……

克：不是思想的痛苦。

博：不是思想的痛苦，而是某种更为深刻的东西。

西：某种更加深刻的事物。当这种悲伤终结时，便会有慈悲的诞生。

博：慈悲的产生，能量的产生。

克：那么是否并不存在一种比思想的痛苦更为深刻的悲伤呢？

西：有这样的悲伤。正如你所说的那样，存在着对于无知的忧伤，而这种忧伤要比思想的痛苦更为深刻——忧伤于人类陷于痛苦之中这一普遍的不幸，忧伤于战争不断地重复上演，忧伤于人们相互虐待、彼此误解，忧伤于无数人在贫困的泥沼中苦苦挣扎求生，这便是一种更为深刻的悲伤。

克：我理解这一切。

西：这要比思想的痛苦更加深刻。

克：我们是否可以提出这样一个问题：什么是慈悲？慈悲便是爱，我们用这一词语来涵盖一个广阔的领域。什么是慈悲呢？一个为悲伤、思想和形象所囿的人，能够怀有一颗慈悲之心吗？他不能，他确实无法如此——对吗？

博：是的。

克：那么这种慈悲什么时候会出现呢？倘若没有慈悲，生活便不具有任何的意义。你从我这里带走的是一种表层的悲伤、思想与形象，我感觉还存在着更多的东西。

博：仅仅是把悲伤、思想和形象从一个人身上带走，会让他陷入空虚之中。

克：正是。

博：他的生命将毫无意义。

克：存在着某种比这肤浅、琐碎之物重要得多、伟大得多的事物。

博：你能否说，当我们怀有制造出了悲伤和自怜的思想时，当我们已经认识到了人类的悲伤时，那么一种更为深刻的能量便被……

克：……被移动了。

博：……被移动。嗯，首先，在这种悲伤中，这一能量是……

克：……被困住的。

博：……被吸进了漩涡里头或者某个事物之中。它要比思想更为深刻，然而存在着某种非常深层的能量的干扰。

克：相当正确。

博：我们将其称为深层的悲伤。

克：深层的悲伤。

博：从根本上来讲，它的源起便是思想中的障碍，是吗？

克：是的，这便是人类深层次的悲伤。它就像这样持续了一个世纪又一个世纪——你知道，犹如一个巨大的水库，里面储满了悲伤。

博：它以某种无序的方式在来回运动着。

克：是的。

博：而且阻碍了澄明，我的意思是说，它使无知没有限期地延续下去。

克：是的，使无知变成了永久存续的事物，没错。

博：因为，假如它不是这样的话，那么人类所拥有的求知能力便将解决所有这些问题。

克：正是这样。

西：没错，没错。

克：除非你们三个人提供给我、帮助我，或者向我展示出了对某种更加伟大的事物的洞悉，否则我只会赞叹一番"是的，这真是太好了"，然后便转身离去——你明白吗？我们正在努力去做的事情，就我所能理解的，便是去洞察某种超越了死亡的事物。

博：超越了死亡？

克：我们说死亡并不仅是机体的消亡，而且还是意识内容的结束。

博：它是否也是悲伤的终结呢？

克：是那种表层的悲伤的终结，这是很清楚的。

博：是的。

克：一个已经历过所有这一切的人说道："这还不够好。你还没有给我花朵和芬芳，你只是给了我它的灰烬。"现在我们三个人正试图去探明那超越了灰烬的事物。

西：没错。

博：是否存在着超越死亡的事物呢？

克：啊，当然。

博：你会说这是永恒的，或者……

克：我不想使用这个词语。

博：我的意思是，从某种意义上来说，它是否超越了时间呢？

克：超越了时间。

博：因此"永恒"就不是最佳的词汇。

克：存在着某种超越了表层的死亡的事物，一种无始无终的运动。

博：然而它是一种运动吗？

克：它是一种运动。运动，但不是在时间中。

西：时间之中的运动与时间之外的运动有何区别呢？

克：先生，那不断更新——永远鲜活、始终流动的事物，便是永恒的。

不过"流动"一词便意味着时间。

博：我认为我能够明白这一点。

西：在创造中更新的感觉，没有过渡、没有持续、没有线性地来去。

克：让我换一种方式来对这个问题展开探讨。作为一个相当有理性的人、一个阅读过各种书籍、尝试过各种冥想的人，乍看上去，我似乎已经洞悉了所有一切，乍看上去，这便是形象制造的终结。它结束了，我不会触碰它了。尔后必须要有冥想出现，来钻研、来挖掘、来洞察某种心灵在此前从未触及过的事物。

博：然而即使你触及了，也并不意味着下一次它就会被知晓了。

克：啊，从某种意义上来说，它永远无法被认知。

博：它永远无法被认知。从某种意义上来说，它是常新的。

克：是的，它是常新的。它并不是一种被累积和更改的记忆，因此被认为是新鲜的，它从来都不是陈旧的。我不知道我是否可以这么来解释。

博：是的，我认为我理解了这一点。但是你能否说它就犹如一个从不曾认识过悲伤的心灵呢？

克：是的。

博：一开始可能会让人感到有些迷惑。你离开了这种已经认识了悲伤的状态，进入到一种不曾了解过悲伤的状态里。

克：相当正确，先生。

博：换句话说，你是不存在的。

克：没错，没错。

西：我们能否这么说呢——它是一种行动，旨在移动到一种"无我"

之境。

克：你知道，当你使用"行动"这个词语的时候，它便意味着不是在将来，也不是在过去，因为"行动"所表示的是当下正在做的事情。

西：是的。

克：我们的大多数行动都是过去的结果，又或者是依照某个将来的理想。这并不是行动，而仅仅是遵从。

西：没错，我在谈论的是一种不同的行动。

克：要想洞悉这个，心灵就必须彻底寂静。

西：正是如此。

克：绝对的寂静。这种寂静不是控制的产物——不是被希冀、被预先谋划、被预先确定的事物。

西：没错。

克：因此这种寂静不会通过意志力而产生。

西：对极了。

克：在这种寂静中会感到某种超越了时间、死亡和思想的事物——你明白吗？空无一物。你要理解，没有任何事物，空无一物，于是便会有无垠的虚空以及巨大的能量。

博：这是否也是慈悲的根源呢？

克：正是。

西：你所说的根源指的是什么？

博：嗯，这种寂静中的能量便是慈悲……

克：是的，没错。

西：在这种寂静中，能量便是……

克：这种能量是……

博：慈悲。

西：这是不同的。

克：当然。

西：这种能量便是慈悲，你发现这与所说到的根源是不同的。

克：你知道，这以外还存在着更多的东西。

西：在这之外？

克：当然。

博：你为什么说当然？更多的东西可能是什么呢？

克：先生，让我们换一种方式来揭示这个问题吧。思想所创造出来的一切都不是神圣的、圣洁的。

博：因为它是支离破碎的。

克：它是不完整的。我们知道，建立起某个形象并对其顶礼膜拜属于一种思想的创造物。

西：没错。

克：无论它是由手工制成还是被大脑造就，它都依然是一种形象，所以在它里面便没有任何神圣的事物。因为，正如博姆博士指出来的那样，思想是破碎的、有限的，它是记忆以及其他东西的产物。

博：所以神圣之物便是那种没有局限的事物吗？

克：正是如此。存在着某种超越了慈悲的事物。

博：超越了慈悲。

克：这种事物便是神圣的事物。

博：它是否超越了运动呢？

克：神圣的事物。你不可以说运动或者不运动。一个鲜活的事物——你只能够对一个已死之物展开检测和分析。

西：没错。

克：我们试图去做的，便是去研究那种被我们称为神圣的事物，那种超越了慈悲的事物。

博：那么我们同神圣事物之间的关系是什么呢？

克：对于一个无知的人来说，不存在任何关系——对吗？这是千真万确的事实。对于一个摆脱了形象和形象制造者的人来说，它也不具有任何意义——对吗？只有当一个人超越了一切，对一切都抱持漠然的态度时，它才会有意义。漠然意味着不会在心理上累积任何事物。

西：然而他提出了如下的问题：与神圣事物之间的关系是什么？是否存在着同神圣之物的关系？

克：不，不，他是在问神圣的事物同现实之间的关系是什么。

博：嗯，无论如何这是暗含在其中的。

克：当然。我们在此前已经谈论过了这一问题，现实是思想的产物，它同神圣的事物之间没有任何关系，因为思想是一个空虚、琐碎之物。

西：没错。

克：关系是经由洞察、智慧和慈悲而来的。

西：我假设我们在询问说什么是智慧。我的意思是，智慧是如何运作的？

克：等等，等等。你已经洞悉了形象。你已经明了了思想的运动——这种思想的运动是自怜，它制造出了悲伤。你已经懂得了这个，不是吗？这不是口头上的赞同或反对，抑或某个逻辑上的结论。你对思想的流动拥有了一种真正的洞察和领悟。

西：没错。

克：这种洞察力难道不就是智慧吗？

西：的确。

克：这不是一个聪明之士所具有的智慧，我们所谈论的不是这个。现在与这种智慧一同工作吧，它不是你的或我的智慧，不是西恩博格医生、博姆博士或其他某个人的智慧。洞察力便是世界的智识，是宇宙的智识。现在对其展开更加深入的探究吧。洞悉一下悲伤，这里所说的悲伤不是指那种思想的痛苦。尔后从这种洞悉中会生发出慈悲。现在再去了解一下慈悲。慈悲是全部生命的终结吗？全部死亡的终结吗？它似乎是如此，因为心灵扔掉了人类强加在自己身上的一切重负——对吗？因此你有了这种强烈的内在感受。现在钻研一下它。存在着某种神圣的事物，某种未被人类触及的事物——所谓未被触及，是从没有被他的心灵、被他的渴望、要求、祷告、被他那不停的狡辩所触及这一层面上来讲的。而这可能便是万事万物的源起——你明白了吗？

博：假如你说它是所有物质的源起……

克：万事万物的源起，所有物质的源起。

博：所有人类的源起。

克：是的，没错。所以在这些对话结束的时候，你会有何收获呢？一个旁观者会有何收获呢？

西：我们希望他会有何收获呢？你能指明我们希望他收获什么吗？

克：他真正会获得什么呢？他手上拿着的那个求知的碗钵被填满了吗？

西：被神圣的事物填满。

克：又或者他是否会说："嗯，我得到了许多剩下来的灰烬，无论在何处我都会得到这个。"任何有逻辑能力、有理性的人都会说："他们所讨论的一切问题都涉及我。"

西：他得到了什么呢？

克：他前来找到你们——我前来找到你们三个人，期待着能够有所探明，期待着能够改变我的生活，因为我觉得这是绝对必要的，不仅仅是去摆脱我的野心以及人类累积起来的所有愚蠢的事物——我已经把所有这一切都从我的身上清除了——我已经对所有这一切都漠然置之了。那么从这一切里面我得到了什么呢？你是否让我闻到了真理那怡人的芬芳呢？

西：我能够给你这芬芳吗？

克：或者与我分享这芬芳。

西：旁观者是否与我们分享了这段我们聚在一起讨论的经历呢？

克：你们两人是否同这位旁观者分享了这个呢？

西：我们同此人分享了这段相聚讨论的经历吗？

克：假如不是，那会怎样？一场机智的讨论——哦，我们对于那种所谓的机智论辩已经感到厌烦了。只有当你真正饥渴时——当这股饥渴之火熊熊燃烧时——你才能够分享，否则你所分享的便只是话语而已。所以，当我们懂得生命具有一种非凡的意义时，我便到达了要点，我们便到达了要点。

博：是的，生命所具有的意义，远远超过了我们通常所认为的。

克：的确，我们通常所认为的生命意义是如此的肤浅和空洞。

博：因此你会说这种神圣的事物也是生命吗？

克：是的，这便是我所理解的。生命是神圣的。

博：神圣的事物便是生命。

西：我们是否分享了这个呢？

克：你们是否分享了这个？因此我们不应该滥用生命，我们不应该浪费生命，因为我们的生命是如此的短暂。

博：你感觉我们每个人的生命都在你所谈论的这种神圣中扮演了某个角色吗？它是整体的一部分，正确地使用它是极为重要的，对吗？

克：是的，相当正确。

西：没错。可是不知何故我觉得有些烦乱。我们分享了它吗？这个问题不断地涌现出来。我们是否分享了这一神圣的事物呢？

克：这实际上意味着说，所有这些讨论和对话都是一种冥想的过程。不是一场睿智的争论，而是一种真正探究性的冥想，这种冥想使得我们洞悉了正在谈论的这一切。

博：嗯，我应当说我们已经在这么做了。

克：我认为我们已经在这么做了。

西：我们分享了这个吗？

博：和谁分享？

西：和旁观者吗？

克：啊，你是说旁观者吗？又或者是否并无任何旁观者存在呢？你在同旁观者说话呢，还只是在跟包含有旁观者、你、我以及一切在内的事物说话呢？你理解我所说的吗？

西：你说我们已经处在冥想之中，我说我们已在进行冥想——但是我们在多大程度上分享着彼此的冥想呢?

克：不，我的意思是说，它是否是一种冥想呢？

西：是的。

克：冥想并不仅仅是争论。

西：是的，我们在这争论中分享着彼此的看法。

克：领会着每一句话里的真理。

西：没错。

克：或者是每一句话里的谬误，抑或在谬误中领悟真理。

西：正是如此。尔后，在我们每个人思想里的谬误出现并且得到阐明的时候去意识到它们。

克：由于领会到了这一切，所以我们便处在一种冥想的状态中。那么无论我们所说的是什么，都必须通向这一最终的事物。尔后你便不是在分享了。

西：那么你身在何处呢？

克：不存在任何分享，仅此而已。

西：冥想的行为便是如此。

克：就是这样。

第二部分

1977年期间于加利福尼亚的奥加、瑞士的萨能以及英国的布洛克伍德公园发表的公开谈话的要点。

1. 冥想便是清空意识内容

冥想是生命里最为重要的事情之一。重要的，不是如何去冥想，不是根据某种理论体系来冥想，不是冥想的实践，而是冥想本身。假如一个人能够凭借自己的力量非常深入地探明冥想的意义、必要性以及重要性，那么他就会把所有的体系、方法、上师以及东方式冥想所包括的全部特有之物都抛到一边。

对于一个人来说，独立地去揭示出自己的真实面目是非常重要的。揭示的途径，不是去依据心理学家、哲学家和上师的各种理论、主张与经验，而是通过探究整个自然界以及自身的运动，通过认识到自己的真实模样。

人们似乎很难了解到认识自我是何等的重要。从心理上来讲，认识自我就好像一个人在镜子面前审视着自己，并因而带来自身结构的某种转变。当他带来了某种根本性的、深刻的转变时，这种转变就会对他的整个意识产生影响，这是一个千真万确的事实。假如一个人极其认真地关心着这个世界，关心着在这世上所发生的那令人惊骇的苦难、混乱与不确定，关心着各种宗教和民族的划分，关心着在无数个角落燃起的战火，关心着各个政府打着国家或民族的幌子耗费巨资去扩军备战、去杀戮一个个无辜的生命，那么带来某种根本性的转变就将是至关重要的了。

想要认识你自己的真实面目，关键在于要有自由，要从你的全部意识内容中解放出来。意识的内容是思想所梳理、创造出来的所有事物。

从你的意识内容中解放出来，从你的愤怒和残忍中解放出来，从你的自负和自大中解放出来，从羁绊你的所有事物中解放出来，这种自由便是冥想。而认识到自己的真实模样则是这种转变的开始。冥想意味着所有内在的和外在的冲突与争斗的终结。实际上并不存在所谓的内在或外在，它就好像大海一样，只有潮涨与潮落。

在揭示自身真实面目的过程中，一个人会询问说：观察者，即他自己，与其所观察的事物是不同的吗？我易怒、我贪婪、我残暴，这个"我"同那个易怒、贪婪和残暴的所观之物是不同的吗？答案显然是否定的。当我发怒时，并不存在一个愤怒的我，所存在的只有愤怒。因此愤怒便是我，观察者便是所观之物。区分被一起消除了，观察者即所观之物，因此冲突便结束了。

冥想的一部分便是去彻底消除所有内在的和外在的冲突。想要消除冲突，一个人就必须要了解这一基本的原理，那就是，从心理上来说，观察者也就是所观之物。当愤怒出现时，并没有"我"存在，然而一秒钟之后思想便创造出了一个"我"，说道："我发怒了。"并且产生出了如下的念头：我不应当发怒。所以先有愤怒，尔后有不应当发怒的我。划分导致了冲突。当观察者和所观之物之间没有任何划分时，便只有一个事物存在，那就是愤怒。随后会发生什么呢？愤怒会继续吗？又或者是否会有愤怒的彻底终结呢？当愤怒出现时，没有任何观察者，没有任何区分，于是愤怒在膨胀之后便结束了——就像一朵花儿，它绽放、凋零、最后飘落。当观察者就是所观之物时，愤怒便会萌芽、长大、最后自然地消失——因此在愤怒中便不会有心理上的冲突。

人是以行动为生的。根据某个动机来行动，根据某个理念来行动，根据某种模式或者习惯的、传统的做法来行动，所有这些行动都没有被予以探究。一个处于冥想中的心灵必须要探明什么是行动。人类生活里的主要难题之一便是冲突，而各种神经质的行为都是因冲突滋生出来的。结束冲突并因而终结所有神经质的行为是极为重要的，如此一来，你便可以拥有一个健全的心灵，一个不会神经质地为各种信仰和恐惧所羁绊的心灵。

一个人该如何行动呢？依据什么原则来行动呢？依据心灵的什么特性或状态来行动呢？普遍而言，一个人的行为源自记忆——被设定在某种模式里的记忆，于是这种记忆便成为习性和惯例。他根据那些愉悦的记忆来行动；或者根据某个他决定要在日常生活里贯彻的理想来行动；或者他怀有某种自己努力想要去达成的野心。存在着各种各样的行动，而每一种行动都是不完整的、都是支离破碎的，没有一个是整体性的——"我是一个商人，我回到家中，我爱我的孩子们。可是当我在做生意的时候，我不会爱任何人，我所渴望的只有利润，等等等等。我或许是名学者、是位画家，然而我的生活——尽管我是个非常优秀的画家——却是低劣不堪的，我歹毒、贪婪，我渴望金钱、地位、赞誉和名声。"

一个人的行为被分成了若干个部分，因此便是支离破碎的、不完整的。当存在着破碎的行为时，就无可避免地会带来心理上的冲突。是否存在着一种没有冲突的行为呢，它里面没有懊悔、失败和挫折感？是否存在着一种整体性的、和谐的、完整的行为呢？一个人必须要看到他真正在做什么，看到他是如何过着一种矛盾的生活，他的行为是矛盾的，因而也就处在冲突之中。一个人必须要意识到这些。假如他完全认识到了自己的这种存在状态，那么会发生些什么呢？

假设我活在矛盾的行为之中,然后你告诉我说:"要认识到这一点。""你所说的'认识到这一点'是什么意思呢?"我问道。当你有所选择,当你说"我喜欢某个行为,我想要继续这种行为,请帮助我去避开所有其他的行为",那么觉知便是不可能的。这并不是觉知,而是在选择某个看似最令人满意、最让人舒服、最具有满足性、最有回报的行为。哪里有选择,哪里就不会有彻底的觉知。假如一个人实现了彻底的觉知,那么就不会有任何问题存在了。尔后会有一种持续性的、没有任何中断的完整的行为。这意味着要拥有一个健全的心灵,也就是说不要为任何形式的信仰、教条或理念所羁绊;这意味着要拥有一个能够清晰地、直接地、客观地进行思考的心灵。而在冥想的过程中,一个人将会发现这种行为。

想要探明什么是冥想,那么先前关于冥想的所有知识就都会成为探索的障碍。摆脱心理上的权威是绝对必要的。什么是探究中所必需的呢?是全神贯注吗?是关注或者觉知吗?当一个人全神贯注的时候,他的所有能量便都会集中在某个特定的事物上,他会抵制和抛开所有干扰性的思想。所以在全神贯注的时候,你所采取的是一种抵制性的姿态。然而要察觉到你自己的思想,就必须没有任何的集中;你在察觉的过程中不去选择自己所喜欢的思想,你仅仅是去察觉。从这种察觉中会出现关注,而关注中是不存在任何中心的。理解到这一点是非常重要的,因为这便是冥想的实质。而在全神贯注中则会有某个中心,在这个中心之上,他将专注于某个图像、理念或者形象。他在专注、抵制和修建高墙中耗尽了自己的能量,以至于没有任何其他的思想能够进来,于是必然会产生冲突。想要彻底消除这种冲突,就应当不加选择地察觉到思想,尔后便不会存在任何有关思想的矛盾和抵制了。觉知——对一个人全部思想运动的觉知便会由此出现。而觉知又会带来关注。当一个人真正深入地注意某个事物时，不会有任何的中心，不会有"我"存在。

在关注中，一个人摆脱了所有思想的混乱、恐惧、痛苦和绝望。他的意识的内容正在被清除。而冥想便是清空意识的内容，这就是冥想的含义和深度——清空所有的内容——思想走向终结。

冥想是一种关注，这种关注里面没有任何的记录。通常来说，大脑几乎会记录下一切事物，思想的噪音、正在被使用的词语——它会像一盘录音带那样将这一切都记录在案。那么大脑有可能除了记录下一些绝对必需的事情之外不再去记录其他么？为什么我应当记录下某次受侮辱的经历呢？为什么？为什么我应当记录下某次被人奉承的经历呢？这些都是不必需的。为什么我应当记录下任何伤害呢？这也是不必要的。所以，只去记录下那些日常生活中所必需的事情——不要去记录其他。冥想中没有任何心理上的记录，不做任何记录，除了那些关于生活的实际性的事实，比如去办公室上班、在工厂里工作，诸如此类——除此以外再无其他。尔后会出现绝对的寂静，因为思想已经终结了——除了只在那些绝对必需的地方运作之外。时间也已经终结了，在寂静中存在着一种截然不同的运动。

于是宗教便具有了一种完全不同的意义，然而在此之前它是一种思想的物质。思想创造出了各种宗教，所以每种宗教都是不完整的、支离破碎的，而每个碎片里又存在着多次的再细分，所有这些被称为宗教，包括了信仰、希望、恐惧以及想在另一个世界里获得安全的渴望，诸如此类，因此它是思想的产物。这并不是宗教，而仅仅是思想的一种运动，在恐惧、希望以及对安全的寻觅中的运动——是一种物质的过程。

那么什么是宗教呢？宗教是一个人带着自己全部的注意力和所有的能量去探寻、去发现那神圣的事物。只有当摆脱了思想的噪音时——思想与时间在心理层面上终结时——宗教才会出现。只有当出现了完全的寂静时，只有当大脑将思想放在了正确的位置上时，那圣洁、神圣、散发着真理之光的事物才会到来。而在这浩瀚无边的寂静中，会诞生出神圣之物。

寂静要求空间，要求在意识的整个结构里的空间。而在一个人的意识结构里是没有任何空间存在的，因为它充斥着恐惧——它被挤得满满的，各种噪音喋喋不休着。只有当寂静存在时，只有当巨大而永恒的空间存在时，那不朽的、神圣的事物才有可能出现。

2. 冲突的终结，便是作为智慧形式之一的最高能量的累积

有一种古老的理论，认为神降临到人的身上，帮助其成长、发展，过一种高贵的生活。这是东方世界许多国家的古老传统，在西方社会也以一种不同的方式广泛传播。这类理论信仰能够提供一种巨大的慰藉，让人感觉至少在某种事物里是安全的，感觉有某个人在照看着你和这整个世界。这是一种极为古老的理论，这种理论和教义给予了某种希冀，认为在未来会出现一个乌托邦的理想世界，而这种希冀源于一个人现在所受到的各种局限。除非有一种根本性的转变，否则这样的一个未来实际上只是当前状态改头换面的一种延续而已。

假如一个人展开充分地研究、理性地探明，那么他会认识到，在由思想梳理和创造出来的事物中是不存在任何安全可言的。他会发现，无论是在未来、过去还是现在，都不存在任何能够提供某种安全的哲学、宗教或意识形态的结构。

一个人非常容易接受最令人感到满意、最方便、最使人愉悦的方法，轻而易举便会落入这一窠臼之中。在某个宗教或心理学的体系中，权威发号施令，你被告知说，通过某种方法你将会寻到安全。但假如一个人了解到在任何这种权威里都没有安全可言的话，那么他就能够去探明是否有可能在没有任何指引、没有任何控制、没有任何心理上的努力的情形下去生活。因此他将去探究心灵是否可以自由地去发现关于这一问题

的真理，如此一来，他在任何情况下都不会去顺从某种权威的模式了。

当一个人遵从了某个宗教的、心理学的模式，或者某个由他自己所建立起来的模式，那么在他的真实模样与该模式之间就总会有矛盾存在，总会有冲突存在，而这种冲突将是无休无止的。倘若他结束了一个模式，他便会走向另一个模式。由于这些理想、模式、结论和信仰，所以一个人被教育着去活在这片冲突之域里。如果遵照某个模式，那么他就永远不会是自由的，他不会知道什么是慈悲，争斗将成为他的常态，他会始终把自己摆在第一位，于是自我就会变得格外地重要起来。

所以，有可能不带有任何模式地生活吗？一个人，作为全体人类之代表的一个人，如何去探明关于这一问题的真理呢？因为，假如他的意识发生了某种根本性的、深刻的变化——不，是变革而非简单的变化——那么他就会对全人类的意识产生影响。他该怎样去对这个问题展开探究呢？展开探究要具备什么样的能力呢？想要去探究，就必须要摆脱动机的束缚。如果一个人希望去探究有关权威的问题，那么他所受到的各种限定便会说道："我应该去服从，我应该去遵循。"在探究的过程中，他所受的各种限定总是会发出干扰的声音，总是会使他的探究扭曲变形。一个人能否摆脱自己所受的各种限定，以便它不会以任何方式来干扰其探究呢？他探寻真理的迫切、他的直观性、他的要求，会将这些限定搁置一边。他想要去探寻的愿望是如此的强烈，以至于这些条件背景不再发出干扰的声音了。尽管背景、一个人所受的教育、他的各种条件限定是如此的强大——它已历经了数个世纪的积累，他无法有意识地来反抗它，无法将它搁置一边，无法与它展开搏斗，他会发现，与自身所受的各种条件背景交战只会使其更加强化——然而他是如此渴望去探明关于权威的真理，以至于这一强烈的意愿终于将各种背景、条件和限定驱逐到了一边，于是它便不再对他的心灵展开频繁的攻势了。

想要探明关于该问题的真理，一个人需要拥有巨大的能量。通常来说，这种能量被消耗在了一个人的"真实面目"与"应有面目"之间所爆发的冲突中。他发现，"应有面目"是对"真实面目"这一事实的逃离或者说躲避。又或者思想没有能力去面对"真实面目"，于是便设计出了"应有面目"，并且将其用作一种杠杆，试图去移走"真实面目"。因此，是否有可能去审视、去观察"真实面目"，而又不怀有任何想要去改变或转变它的动机，并不想要使其去遵照某个你或他人所建立起来的特定模式呢？假如一个人做到了这样，那么他所受的各种条件限定便会逐渐地褪色和消失。倘若他极为热切地想要去了解，他就会忘却自我，忘记他是一个印度教教徒、基督徒或佛教徒，忘记自己所有的背景，于是所有这一切便会消失不见，背景、动机、限定……所有的一切，因为有想要去探明的必要性和紧迫性。

只有当不存在任何原因、结果，不存在任何反应时，这种想要探明的强烈愿望才会出现。这意味着说，在探究的过程中，一个人必须要完全地独自一人。单独并不意味着孤立，并不意味说离群索居，在自己的周围建起一堵高墙。单独指的是完全一个人。尔后这一个人便是全体人类的代表，他的意识通过感知经历了一种改变，从而将智慧唤醒。这种智慧将使心理上的权威永远地终结，它将对一个人的意识产生深刻的影响。

有可能过一种没有任何模式、没有任何目的、没有任何关于未来的理念、没有任何冲突的生活吗？只有当一个人完全以"真实面目"生活的时候，上述的人生状态才会成为可能。所谓"真实面目"，意味着真实发生的事情。以"真实面目"生活，不要试图去改变它，不要试图去超越它，不要试图去控制它，不要试图去躲避它，就只是审视它。假如你善妒、贪婪，或者你问题多多，比如性、比如恐惧，无论是什么，都要与它们一同生活，不去怀有任何希望从它们身旁离开的想法。这指的是什么呢？一个人不要把自己的能量浪费在控制、压抑、冲突、抵制和逃离中。所有这些能量都在被浪费，他应当将这些能量聚集起来，因为他懂得了其中的荒谬，懂得了其中的错误和虚假。现在他拥有了以"真实面目"去生活的能量，拥有了去观察的能量，而不怀有任何思想的运动。正是思想制造出了嫉妒，于是思想说道："我必须要逃离它，我必须要躲避它，我必须要压制它。"倘若一个人认识到逃离、抵制和压抑是错误的，那么被消耗进逃离、抵制和压抑中的能量便会被聚集起来用于观察和审视。尔后将会发生什么呢？

假如一个人不去逃离或抵制自己心怀嫉妒这一事实状态，那么他便呈现出了自己的真实面目，而嫉妒正是其思想运动的结果。嫉妒来自比较、来自衡量——我没有，而你有，于是思想便去逃离。现在，由于他明白了这么做是错误的，因此他就会停下来，他就会拥有去观察这种嫉妒的能量。"嫉妒"一词本身便含有谴责的意思在里头，当一个人说"我嫉妒"的时候，总是会有一种想要将其推开的感觉。所以，一个人必须要摆脱这个词语的影响而去审视这一事物本身。这要求相当的警觉、审慎和觉知，如此一来就不会去逃离，而是去审视"嫉妒"一词所制造出来的感觉，去思考倘若没有这个词语的话，那么是否会有感觉存在？如果没有这个词语，因而也就没有思想的运动，那么还会有嫉妒存在吗？

词语制造出了感觉，因为词语同感觉是关联在一起的，它在命令着感觉。倘若没有词语，一个人能否去观察呢？词语是被用于交流的思想的运动——与自身交流，或者与其他人交流——当没有任何词语存在时，事实和观察者之间就不会有任何的交流。因此嫉妒这一思想的运动便终结了，是彻底地终结，而不是暂时性地终结——你可以看着一部漂亮的车子，观察着它的线条之美，仅此而已，而不会心生嫉妒。

完全以"真实面目"去生活，意味着没有任何的冲突，因此也就不存在将其转变为其他某物的所谓未来。而冲突的终结，便是作为智慧形式之一的最高能量的累积。

3. 被称为"爱"的肯定事物是从否定中来

纵观整个世界，人们时时刻刻都在寻觅着安全，生理上和心理上的安全。当人们在各种幻觉、离间族群的信仰、教条、宗教准则中寻觅着心理上的安全时——这种安全并不是真实存在的——生理上的安全便遭到了否定。哪儿有这种心理上的划分，哪儿就不可避免地存在着生理上的划分及其所有的冲突、战争、痛苦、灾难和不人道。无论一个人是从哪里进入这个世界的，是从印度、欧洲、苏联、中国还是美国，这些都无关紧要，人类在心理上或多或少都是相同的，他们遭受痛苦，他们焦虑万分，他们充满了不确定感，他们困惑不已，他们经常处于巨大的痛苦之中，他们野心勃勃，他们彼此间永远都在争斗。

由于从心理层面上来说所有人类都是相同的，因此一个人能够合理地声称世界便是他自己，他便是世界。这是一个绝对的事实，当他极为深入地展开探究时，他便可以懂得这一点。人类意识的内容是思想的全部运动，对权力、地位和安全的渴望以及对愉悦的追求。而这种愉悦里存在着恐惧，恐惧和愉悦是同一个硬币的两面。倘若没有理解以渴望为基础的愉悦的整个结构及本质，那么一个人将永远无法过一种充盈着爱的人生。

恐惧以及对愉悦的追求是意识的一部分。然而爱是否也是意识的一部分呢？当有恐惧出现时，会有爱存在吗？当只有对愉悦的追逐时，会有爱存在吗？爱是愉悦和渴望，还是同这二者无关呢？

由于大脑始终不断地寻觅着安全，结果这一习性就使其变得机械化了，机械地去遵循某些确定的模式，在日常生活的例行公事中一遍又一遍地重复着这些模式。对愉悦的追求是一种重复性的过程，而这种追求又会带来恐惧的重担，这是人类尚未解决的一个问题。因此，大脑或者大脑的一部分逐渐变得机械化，变成重复性的，无论是生理上还是心理上均是如此。一个人被困在了某些信仰、教条和意识形态的模式中——美国的意识形态、苏联的意识形态、印度的意识形态，诸如此类。因为有方向、有指挥，于是心灵和大脑便逐渐退化了。

一个人所过的生活是重复性的，无论它是多么地愉悦，多么值得渴望、多么复杂，它都是一种重复性的生活——从摇篮到坟墓都抱持着同一个信仰，举行着同样的仪式，无论是在教堂还是在庙宇，遵循着同样的传统，一遍又一遍，周而复始。愉悦是重复性的。性的愉悦、取得成就的愉悦、拥有的愉悦或是依恋的愉悦，所有这些都导致了大脑的退化，因为它们是重复性的。只要对愉悦的追求是一种重复性的过程，而这种追求又会带来恐惧的重担，这是人类尚未解决的一个问题——他会逃离它、躲避它、会使其合理化，但它却依然存在着——那么大脑便会衰退。爱是什么？它是愉悦吗？——是在重复性的性行为当中所获得的快感，即我们通常所称的爱吗？对邻里的爱、对妻子的爱——这种爱基于渴望、里面有巨大的愉悦、占有和安慰——这便是爱吗？哪里有对某个人占有性的依恋，哪里就必然会有嫉妒、必然会有恐惧和敌视。这些是显而易见的事实，是"真实面目"。所以依恋是爱吗？依恋或者说依附的基础是什么？为什么一个人会依附于某个事物，依附于财产，依附于某个理念、某种意识形态，依附于某个人、某个符号，依附于被称为"上帝"

的概念呢?假如他没有彻底懂得依附的含义,那么他就永远无法发现关于爱的真理。依附的基础是否是对独自一人的恐惧,对孤立的恐惧呢?是否是因为觉得一个人是不充分的、是空虚的?

我们依附于人、理念、符号或是概念,因为我们觉得在它们里面会有安全。关系里会有安全存在吗?在一个人的妻子或丈夫那里会有安全存在吗?——这里所说的安全,实际上便是依附的实质。如果一个人在自己的妻子或丈夫身上寻觅安全的话,那么会发生什么呢?他合法地或非法地占有。哪儿有占有,哪儿就必然会有对失去的恐惧——因而就会有嫉妒、憎恨、离异以及其他的一切。

爱是依恋吗?当依恋存在时能否有爱呢?"依恋"一词的含义里包括了恐惧、嫉妒、负疚以及会导致憎恨的愤怒——当一个人使用"依恋"这个词语的时候,是否指的是所有这些呢?是否哪里有依恋,哪里便会有爱呢?一个人处理着日常生活,而非某种非凡的生活。假如他一开始便对自我展开近距离的观察,那么他就能够走得很远;假如他没有认识到自我,他就无法走得太远。他必须要去探究这些在自己的日常生活里极为重要的问题。尽管一个人应该合乎逻辑地、理性地来研究这个问题,但他必须要超越它,因为逻辑不是爱,理性不是爱,对于被爱和爱人的渴望也不是爱。在一个人生活中的每个时刻,那被称为爱的肯定事物,源于对那些不是爱的事物的否定,源于把那些不是爱的事物抛到一边。

思想是支离破碎的、有限的。思想无法解决爱是什么这一问题,思想无法培养起爱。当一个人在思想中进行抽象提炼时,他便离开了"真实面目"。他依照这种抽象化的运动来生活,因此他就不再是根据事实来生活了。这便是一个人终其一生所做的事情,但是他永远无法通过抽象提炼来懂得何为爱，懂得爱所具有的非凡之美、深度与意义。

人类为什么要忍受这种痛苦呢？为什么要对痛苦顶礼膜拜呢？很显然，基督徒便是这么做的，不是吗？痛苦的意义何在？是什么在遭受着痛苦？当一个人说"我遭受着痛苦"时，是谁在受苦呢？"我处在嫉妒、恐惧、失落的痛苦之中"，这句话的核心是什么呢？一个声称"我在受苦"的人，其中心、其"本质"是什么呢？它是否是创造出了这一中心的思想的运动呢？这个声称"我遭受着痛苦，我焦虑、我惊恐、我嫉妒、我孤独"的"我"，是如何形成的呢？这个"我"永远不会感到满足，它始终在运动着："我渴望这个，我渴望那个，之后我又渴望其他某个事物了。"它处在不断的运动之中。这种运动便是时间，这种运动便是思想。

在亚洲世界里有一种观念，认为"我"是某种超越了时间的事物，在未来会有一个更为高级的"我"存在。在西方世界里，"我"从来不曾得到过彻底的研究和分析。各种特性被归结在它的身上，弗洛伊德和荣格以及其他心理学家们给予了它一些特性，但从来没有探究过这个声称"我遭受着痛苦"的"我"的本质与结构。

"我"说道："我必须要拥有这个。"几天之后，它又渴望其他某个事物了。渴望、愉悦是不断运动着的，一个人想要变得怎样的运动是永无休止的。这一运动便是思想，即心理上的时间。这个声称"我遭受着痛苦"的"我"，是被思想整理、创造出来的。思想说道："我是约翰，我是这个，我是那个。"思想用名称和形式来鉴定自己，思想便是意识的全部内容中的"我"；它是恐惧、伤害、绝望、焦虑、内疚、对愉悦的追求以及孤独感的本质，它是意识的全部内容的本质。当一个人说"我遭受着痛苦"的时候，它便是思想为自身建立起来的形象、形式、名称，它处于悲伤之中。

挑战越是强烈，迎接挑战所要求的能量便越是巨大。悲伤就是这一挑战，一个人必须要回应该挑战。但如果他通过逃避、通过从中寻找慰藉来回应挑战的话，那么他就是在消耗迎接挑战所需要的能量。

不存在任何逃避——这是因为，假如一个人试图去逃避的话，那么悲伤就会始终在那里，就会始终如影随形般伴随他左右——所以与悲伤同在，不要有任何思想的运动。如果他去逃离它，那么他就没有将其解决；但假若他与它同在，那么他的全部能量便都将去迎接这一正在发生的非凡之物。而激情便会在这种痛苦中产生。

于是就会有了问题的解决，有了悲伤的终结——因为恐惧已经彻底消亡了，只有在这时才有可能去知道什么是爱。一个人认为自己将从痛苦中学到一些东西，学到某个经验教训。然而当他去观察自己身上的痛苦，不去逃避它，而是完全与它同在，不去展开任何思想的运动，不去减轻痛苦的程度，不去寻求任何的慰藉，那么他就会看到一种心理上的转变。

爱是激情，爱是慈悲。倘若没有这种激情、慈悲及其智慧，一个人就只能在一种极为有限的层面上来展开行动，他的全部行动便都是有限的。有慈悲存在，行动就会是完整的、彻底的、不会废止的。

4．死亡——一种伟大的净化行为

死亡不仅是某种神秘的事物，而且是一种伟大的净化行为。以一种重复性的模式而存续，这便是衰退。这一模式或许可以根据国家、风土和环境而变化，但它只是一种模式。任何模式之中的运动都会带来一种持续性，而这种持续性则是人类衰退过程的一部分。当持续性终结的时候，会出现某种崭新的事物。假如一个人懂得了思想的整个运动，懂得了恐惧、憎恨和爱的全部过程，他便能够立刻理解这一点，立刻领悟到死亡的含义。

什么是死亡呢？当一个人询问这个问题的时候，思想会有许多的答案。思想说道："我不想去探究对死亡所做的任何悲惨的解释。"关于死亡是什么这一问题，每一个人都会有属于他自己的解答，其依据便是他的背景、他的渴望以及他的希冀。思想总是会有一个答案，该答案总是理性的，由思想在口头上整理而成。一个人应在没有任何答案的情形之下去探究某种完全未知、完全神秘的事物——死亡便是这样一种神奇而非凡的事物。

一个人意识到，机体、躯体会死亡，大脑——它被人们以各种形式的自我沉溺、矛盾、努力以及不断的争斗而滥用了，被机械性地耗尽了——也同样会死亡。大脑是记忆，是作为经验和知识的记忆的储藏室。思想便来自这些被当作记忆储藏在大脑细胞里的经验和知识。当机体消亡时，大脑也会死亡，因此思想也就终结了。思想是一种物质的过程——

思想并不是精神性的事物——它是一种以储存在大脑细胞里的记忆为基础的物质的过程。当机体死亡的时候，思想也就终结了。思想创造出了"我"的整个结构——渴望这个的"我"，不想要那个的"我"，恐惧、焦虑、渴望和孤独的"我"，害怕死亡的"我"。思想说道："对于一个始终活在争斗中的人，对于一个以如此丑陋、愚蠢和可悲的方式来生活的人，生命的价值和意义究竟是什么呢？因为它终会结束，不是吗？"于是思想就接着说道："不，这不是结束，会有另一个世界存在。"然而这另一个世界依然只是思想的运动。

有人询问死亡之后会发生什么。现在让我们提出一个十分不同的问题：死亡之前是什么？而不是死后会有什么。在死亡之前的便是一个人的生活。那么一个人的生活又是什么呢？去小学，念中学，读大学，得到一份工作，男人和女人住在一起，他离开家去上班，一干便是五十年，她也出外去挣更多的钱，他们生儿育女，他们痛苦、焦虑、彼此争斗。一个过着如此悲惨生活的人，想要知道死后会有什么——有关这个问题，人们已经撰写了成千上万的书籍，而所有这些都是由思想创造出来的。因此，假如一个人在口头上和行动上将这些都抛到一边，那么他所面对的会是什么呢？——他将会面对这样一个事实，即由思想梳理和创造出来的自我走向了消亡——他所有的焦虑、所有的渴望都结束了。当一个人带着活力和能量、带着生命里所有的辛劳来活着的时候，他能够与死亡相遇吗？我活在精力、能量与能力之中，死亡便意味着这一切的终结。那么，我能否始终与死亡一起生活呢？这也就是说：我依附着你，结束了这种依附，便是死亡——不是吗？一个人很贪婪，当他死去的时候，他无法将贪婪带在身边一道离去；所以要终结贪婪，不是在一周或十天以后——终结它,就是在此刻。于是他就会过着一种充满了活力、能量、能力和观察的生活,他发现了地球的美,而这一切的立即终结,便是死亡。所以在死亡之前生活,便是要与死亡一起生活,这意味着,活在一个没有时间限制的世界里、一个永恒的世界里。在这种生活里,他所得到的一切都在不断地完结,因此便总是有一种非凡的运动,他不会被固定在某个位置上。当一个人对死亡发出了邀请时——这意味着他所拥有的一切每时每刻都在终结,所以应该对这一切抱持一种漠然的心态——那么他将会看到一种新奇的状态,一种不受时间限制的维度,在这种状态中不会有作为时间的运动。这意味着清空了一个人的意识内容,如此一来便不再有时间存在;时间终止了,这便是死亡。

5. 不执着于自我的技巧

在应对日常生活方面，我们已经变得非常有技巧了。这里所说的技巧，指的是聪明地运用我们通过教育和经验所获得的大量知识。我们熟练地展开行动，或者在某家工厂里，或者在某间办公室中，诸如此类。这种熟练通过重复性的行为变成了例行公事。当技巧得到了高度发展时，就会导致把自我看得格外重要以及对它的强化。技巧将我们带到了我们当前的状态，不仅是在技术的层面上，而且还在我们的关系里，在我们对待彼此的方式里——不是怀着慈悲，而是带着技巧。在我们的日常生活里是否存在着这样一种行为——它是技巧性的，但又不会执着于自我，不会去重视自我，不会使一个人以自我为中心地活着呢？想回答这一问题，你就必须要去探究什么是澄明。当澄明存在时，便会出现不执着于自我的技巧了。

只有当存在着观察的自由时，澄明才会出现。只有当存在着彻底的、完全的自由时，一个人才能够去观察、去审视。一个人有可能在自己的观点里摆脱掉所有歪曲性的因素吗？当他观察着自己，观察着他人、社会和环境，观察着世界上所发生的全部文化的、政治的和宗教的活动时——所谓的宗教活动——他能否不带任何的偏见，不做任何的袒护，不提出自己个人的结论、信仰、教条、经验和知识，而是完全自由地去展开清楚地观察呢？一个人或许能够以最具口才、最富诗意的方式来描述什么是慈悲，然而无论是用怎样的词汇来表达，这些词语都不具有任何的意义。倘若没有慈悲，就不会有澄明；倘若没有慈悲，就不会有任何无私的技巧——它们是彼此关联的。一个人能否在自己的日常生活中怀有对他人的慈悲心，不是作为一种理论，不是作为一个概念，不是某种要被获得、要被实践的事物，而是在自己心灵深处彻底地、完全地怀有这种非凡的慈悲呢？

能够有澄明存在吗？一个人可以在思想中做到清晰，在思想的客观性和理性上做到明晰，然而这样的思想，无论它是多么合乎逻辑、多么客观，都会是非常有限的。人们会发现这种合乎逻辑的、客观的思想并没有解决我们的各种问题。哲学家、科学家、所谓的宗教人士，对某些事情有着非常清晰地思考，可是在日常的生活中，清楚的思考并未解决我们那些最为重要的问题。一个人可以极为清楚地思考自己的嫉妒或者残暴，但这并不会带来嫉妒或残暴的终结。清楚的思考是有限的，因为它是思想，而思想本身便是有限的。思想具有其自身的边界，它或许可以通过发明某个理念、某个神灵或者乌托邦的国度来努力超越这一边界，然而这些发明物都依然是有限的，因为思想是记忆、经验和知识的产物，它总是来自过去，所以便是为时间所限制的。有可能了解思想的局限性并给它属于自己的正确位置吗？给思想一个正确的位置便会带来澄明。

想要理解慈悲的全部意义和深刻性，你就必须得去探究自己意识的运动。无论你是从哪里来到这个世界上的，东方还是西方、北半球还是南半球，人类都怀有巨大的焦虑，生活在不确定之中，时时刻刻都在寻觅着某种形式的安全——心理上的或生理上的安全，他们充满了暴力，这是一种特别的现象——暴力、贪婪、嫉妒和憎恨。在意识里存在着善与恶，恶在增长着，之所以会增长，是因为善已经停止了，善没有在发展。一个人已经接受了某些被认为是善的模式,并且依照这些模式来生活。所以善没有在发展,而是不断地衰退,从而使恶得以强化。于是世界上便有了更多的暴力和仇恨、更多的民族与宗教的划分,便有了各种形式的敌对。恶之所以处于增长的状态,是因为善没有得到发展壮大。我们应该意识到这一事实,但不要有任何的努力,因为在你努力的那一刻,你就会重视自我,而把自我看得过重则是一种恶。就只是去观察这一恶的事实,不做任何的努力;就只是去审视它,不做任何的选择——因为选择是一种歪曲性的因素。当你以开放的心态自由地观察时,善便开始绽放、尔后开花结果。这并不是因为你去追求善,从而给予了它力量去发展,而是因为当恶、当丑陋被彻底地理解和认知时,余下的善便会自然绽放了。

通过技巧的巨大发展,我们在自己的意识里强化了自我的结构和本质。自我是残暴的,自我是贪婪的,自我是嫉妒的,诸如此类,它们是自我的本质。只要存在着"我"这一中心,那么所有的行为就必然是被扭曲的。从中心展开行动,你就给了一个方向,而这个方向便是歪曲。你或许可以用这种方式发展起某种伟大的技能,但它始终是失衡的、不和谐的。那么,意识及其运动能否经历一种根本性的转变,一种不是由意愿带来的转变呢?意愿是渴望——对某个事物的渴望,当有渴望存在时,便会有动机,而动机也是观察中一个歪曲性的因素。在我们的意识里存在着善与恶这一二元性,我们总是在用善的眼睛和恶的眼镜来察看,因此便会存在着冲突。只有当你在不做任何选择的情形下去展开观察时,消除冲突才是可能的。就只是去观察你自己,以这种方式,你便能够消除善与恶之间的冲突了。

6. 单有理性和逻辑是无法发现真理的

理性和逻辑并没有解决我们人类的各种问题，因此我们打算去探明是否能用一种截然不同的方法来解决生活的全部问题与艰辛。我们将会要求某种超越了理性的事物，因为理性未能解决我们任何政治、经济或社会的问题，也没有解决人与人之间在亲情、友情和爱情等方面的任何问题。越来越明显的是，我们生活在一个即将走向瓦解的世界，这个世界已经不适合居住了，因为它是如此的疯狂、失序和危险。我们必须要展开合乎逻辑的、理性的、整体性的思考，直至到达了某一个阶段，然而当我们超越了这一阶段时，便能够发现一种不同的状态，一种心灵的不同特质。它不为任何教条、信仰和经验所束缚，于是这样的心灵便可以自由地去观察。经由观察，它能够真正地认识自我，同时还会发现存在着一种转变的能量。

你的心灵不应该为各种结论、信仰和教条所束缚，而是必须能够自由地去观察、去学习、去运作、去行动。这样的心灵是满怀慈悲的，因为慈悲没有任何原因，它不是一个结果。当心灵是自由的时候，慈悲便会出现，它将带来心理上的根本性变革，而这种变革是我们由始至终都在关注着的一个重要问题。

所以我们一开始要去询问自己如下的一个问题：我们所寻觅的是什么？身体上的舒适？生理上的安全？在内心深处，是否存在着这样的要求或渴望——希望能在我们所有的行为中都得到彻底的安全，希望我们的所有关系都是稳固、确定而永久的?我们依附于某个让我们感到稳定和可信的经验,或者依附于某种让我们感到永恒和康乐的认同。在信仰里存在着安全,在与某种政治或宗教信条的认同里存在着安全。如果我们是成年人,那么我们会在对过往的记忆、已知的经验以及所拥有的爱里面去寻觅安全或快乐,于是我们便执着于过去。如果我们是兴高采烈的年轻人,我们则会满足于当下的时刻,不会去思考未来或过去。然而年轻人逐渐地步入了老迈,带着对安全的渴望,带着对不确定的焦虑,带着对于无法依靠任何人或任何事的焦虑,但却依然深切地渴望着能够有某个安全的事物可以去依附。

我们必须要十分仔细地来探究一下是否存在着心理上的安全。假若并不存在心理上的安全,一个人是否就会变得疯狂,就会变得彻底神经质,原因在于他没有任何安全呢?或许大多数人都有点儿神经质。一个共产主义者、一个天主教徒、一个新教徒或者印度教教徒,他们每一个人在自己的信仰里都是安全的;他没有任何恐惧,因为他依附着这一信仰。当你开始去同他一道展开探寻、向其发出质疑或者与他评理的时候,他就会在某个点上停下来,不会展开进一步的探究了,因为这样做太过危险,他感觉自己的安全正受到了威胁,尔后交流便终止了。他或许可以合乎逻辑地思考到某一阶段,然而一旦超越了这个阶段,他就无法进一步地突破,进入到一种不同的维度里去。他固守在窠臼之中,不会探究到任何其他事物了。这么做真的能够提供安全吗?创造出了所有这些信仰、教义和经验的思想,真的能够给予人们安全吗?我们与思想一起运作,我们的全部行为都是建立在思想的基础之上,无论是横向的还是纵向的。如果你渴望高度,那么它就是思想的纵向运动;如果你仅仅满足于带来某种社会的变革,那么它就是思想的横向运动。所以思想能否从根本上提供心理的安全呢?思想有属于它自己的位置和作用,但是当思想认为它可以带来心理上的安全时,它就会活在幻象之中。思想对于终极安全的渴望,制造出了一种被称为神的事物,而人类便依附于这一理念。思想能够制造出各种不切实际的幻象,当心灵在教会的教义或者其他关于信条的主张里去寻觅心理上的安全时,它便是在思想的结构里找寻着安全。

思想是经验与知识的反应,被作为记忆储存在了大脑里,因此这一反应始终都是源自过去。那么,在过去中是否存在着安全呢?请运用你的理性和逻辑,运用你的全部能量来探明这一问题。思想的任何行为——从本质上来讲,思想的运动是属于过去的——能够提供安全吗?它依循着一定的顺序在自己所制造出来的事物里寻觅着安全,而这种安全是属于过去的。尽管思想可以设计出未来,但它却说道:"我打算获得神性。"然而从本质上来说这一思想的运动是从过去而来的。或者,由于认识到过去之中并没有安全存在,于是思想便设计出了某个理念、某种理想的心灵状态,希望在未来会有安全存在,并在这种希冀中寻觅到了虚幻的安全感。

一个人终其一生都依赖于思想以及那些由思想当作最为本质的内容所制造出来的事物,诸如神圣、无信仰、道德、无义等。某个人出现了,说道:"看吧,这些全都是过去的运动。"在与他展开了一番合乎逻辑的理论之后,另一个人说道:"即使思想属于过去,坚持它又有何错呢?为什么不能如此呢?"他承认了思想来自过去这一点,说道:"我将坚持它,这有什么不对吗?"然而当人类的心灵活在过去时,当它执着过去时,它便无法真正地活在当下或者感知到真理。

我们获得了某个要义,于是说道:"是的,我明白了,我理性地认识到了在这些事物里并不存在任何的安全,当它们遭到质疑的时候,便会有恐惧出现。"当我们声称自己已经明白了这一点时,我们所说的"明白"指的是什么呢?它是否仅仅是一种逻辑上的理解、一种口头上的理解、一种线性的理解呢?抑或它是一种极为深刻的理解,以至于这一理解不费任何力气地便摧毁了思想的全部运动呢?当你说:"我理解你所说的",你所使用的"理解"一词指的是什么呢?你的意思是否是你理解这些英文词语呢?它是否是一种对于词语的理解,即懂得这些词语的意思和释义,因而这种理解便仅仅停留于极为肤浅的层面呢?又或者,当你说"我理解"时,你的意思是你真的"明白"或者察觉到了关于思想的真理,你真的在你的血液里感觉到、领悟到、察觉到,无论思想所制造出来的是什么,它都不具有任何安全吗?你"明白"了关于思想的真理,因此你便摆脱了它的束缚获得了自由。而懂得关于思想的真理便是智慧,这样的智慧并不是理性、逻辑或者审慎的辩证性的解释。后者仅仅是思想以各种形式的展现而已,思想从来都不是智识性的。对真理的感知便是智慧,而在这种智慧里存在着彻底的安全。这一智慧不是你的或我的,这一智慧不是被限定的。我们已经知道思想在其运动中创造出了各种条件、各种限定,当你理解了这一运动的时候,这种理解便是智慧。而在这种智慧中会有安全存在,并因而有行动产生。

我们可以用不同的方式、在不同的领域来谈论这个问题,诸如恐惧、愉悦、悲伤、死亡、冥想,然而问题的实质却是:思想是一种来自于过去的运动,因此它属于时间,所以也就是可以被测量的。而可以被测量的事物是永远无法发现那不可测量之物的,也就是真理。只有当心灵真正懂得了无论思想所制造出来的是什么,在它里面都没有安全的时候,它才能够去发现真理。而对这一真理的认知便是智慧,当有智慧存在时,一切都终结了。尔后你便步出了这个世界,尽管你还生活在其中,尽管你正试图在这世上做些什么,但你都已经是一个彻头彻尾的局外人了。

7. 智慧中有彻底的安全

无论一个人是从何处来到这个世界上的，是印度、欧洲还是美国，他都会目睹悲伤、暴力、战争、恐怖、杀戮、毒品——各种形式的愚蠢。他把这些当作是无法避免的现象来接受，并且轻易地忍受了它们；又或者他对其予以反抗，然而反抗只是一种回应，正如共产主义是对资本主义或法西斯主义的回应一样。

所以，假如不去反抗一切，不去形成自己的小团体，不去遵循某位来自印度或其他某个地方的上师，不去接受任何权威——因为精神之域里不存在任何权威——那么我们能否探究这些已经存续了一个又一个世纪，历经了一代又一代人的问题呢？去探究这些贯穿了人类的一生，只有在死亡时才会终结的各种冲突、不确定和痛苦呢？

从心理层面上来说，每一个人，无论他是谁，他便是这个世界。你的身上呈现着整个世界，你即是世界，这是一种心理上的绝对事实。尽管你可能是白皮肤，而我则是棕色或黑色皮肤，你很富有而我则穷困潦倒，然而就内心而言，就心灵深处而言，我们全都是一样的。我们都遭受着孤独、悲伤、冲突、痛苦和困惑；我们都习惯于依靠某个人来告诉我们该做些什么、该如何思考以及思考些什么；我们全都是各种政治党派和宗教团体那庞大宣传攻势下的奴隶。这便是在全世界人类的心灵中所上演的情形，在内心深处，我们都屈从于专家的宣传、政府的宣传，我们都是为各种条件所限定的人，无论我们是生活在印度还是欧洲或美国。

所以，从心理层面上来讲，你即世界，世界即你。一旦一个人认识到了这一事实，不是只在口头上说说、不是当作一种意识形态或者对事实的逃避，而是真正地、深刻地察觉到了这一事实、认识到了这一事实，认识到自己与他人并无区别——无论他们相距多么遥远——每一个人在内心都遭受着巨大的、可怕的恐惧、不确定与不安全，那么他便不会只去关心琐碎而渺小的自己，而是会去关心整个人类。他关心着全人类——不是关心 X 先生、Y 女士或其他某个人——而是关心一个人的全部心理存在，无论他身在何方。他在某些方面是被限定的，他或许是名天主教徒、是位新教徒，又或者他被某些存续了数千年之久的信仰、迷信、理念和神灵所限定着，就像那些身在印度的人们一样。然而在这些背景和限定下面，在他的心灵深处，当他独自一人的时候，他所面对的是一个你、我、我们所有人都在经历着的充满了悲伤、苦痛和焦虑的人生。当一个人将这视为一种真实的存在、一种无法更改的事实时，他的思考就会截然不同了，他会从整体的角度来观察，而不是作为一个有着诸多难题和焦虑的个体的人来进行察看。这给予了他一种非凡的力量与活力，他不再是独自一人，他是人类的全部历史——假如他知道如何去阅读那被珍藏、被铭记在个体身上的历史的话。这原本是一个他所否认的事实，因为他认为自己是如此的个人主义。一个人是如此关心着自身，关心着自己那些微不足道的问题，关心着自己那些琐碎的信仰。然而当他意识到了这一非凡的事实时，那么它就会给予他巨大的力量，并且他会滋生出想要去探究自我、改变自我的急迫感，因为他便是整个人类。当出现了这样的转变时，他就会对人类的全部意识产生影响，因为他便是整个人类。当他发生了根本性的、深刻的改变时，当他的身上出现了这种心理上的变革时,那么,由于他是人类全部意识的一部分,所以人类的意识自然也就被影响了。因此,一个人应当去研究自己意识的各个层面,去探明是否有可能改变意识的内容,如此一来,一种不同的能量维度与澄明便会在这种转变中出现。

一个人便是世界的代表,从心理层面来说,他即世界,那么他内心深处的要求是什么呢?那便是去找到生理上的和心理上的安全。他必须拥有食物、衣服和栖息之所——这是一种绝对的必需。然而他还会要求、渴望和寻觅心理上的安全——想要对一切事物拥有心理上的确定感。世界上的所有冲突与争斗,无论是身体层面的还是心理层面的,都是源自对安全的寻觅。

所谓安全,意味着身体的永恒、身体的安康、存续和发展,还意味着心理上的永恒。假如一个人极为仔细地去观察,那么他会发现,世上的一切都不是永恒的。从心理层面来说,他的各种关系是最为不确定的。他或许可以在自己与他人的关系里获得暂时的安全,但这仅仅是暂时的。这一暂时的安全,便是彻底的不安全的根源。

因此他询问说:从心理层面来讲,是否有任何安全可言呢?他在家庭中寻觅着心理上的安全——家庭也就是妻子、儿女。他试图找到某种安全的、永久的关系——然而这全都是相对的,因为始终有死亡存在。但是他并没有找到这样的关系——相反却遭遇着离异、争吵、痛苦、嫉妒、愤怒和憎恨——他试图在某个群体中寻找到安全,试图在国家和民族中寻找到安全——我是美国人、我是印度人——这提供了一种明显而巨大的安全感。然而当他努力要在一个国家里寻找到心理上的安全时,这一国家与另一个国家却是划分开来的。哪里有国家之间的划分——他以为依附、认同于某个国家便能带给自己心理上的安全——哪里便会有战争,便会有经济制裁,这就是世界上真实发生的景象。

如果他在某个意识形态里寻找安全——共产主义的意识形态、资本主义的意识形态、宗教的思想体系及其教条和形象——便会有界分,便会有分裂。他信仰一系列他所喜欢的理念,它们给了他慰藉,他与一群志同道合、信仰着同样事物的人一起寻觅着安全,然而另一个群体则信仰其他的事物,于是他便与这些人分隔开来了。宗教使人们分裂。基督徒、佛教徒、印度教教徒、穆斯林,他们被划分开来,每一个都相信着某种特殊的、不切实际的、不真实的事物。

由于极为清楚地认识到了所有这些,于是他问道:心理上的安全是否存在呢?假如并没有任何心理上的安全,那么是否一切都将陷入混乱之中呢?他失去了自己的身份——他已经与某个国家相认同、与耶稣相认同、与佛陀相认同,诸如此类——当理性和逻辑清楚地揭示出所有这一切是何等的荒谬时,他该如何是好呢?他是否会绝望?因为他已经认识到了这些分裂性的行为的错误,这些毫无根基的虚构、神话和幻想的虚假。对这一切的感知便是智慧——不是某个聪明的心灵所拥有的智慧,不是书本知识的智慧,而是由清楚的察觉滋生出来的智慧。在这种智慧里便会有安全存在,这一智慧便本身是安全。

但是一个人不会放下,他如此害怕,以至于无法放下,唯恐不能找到安全。他可以相当容易地放下作为天主教徒、新教徒或共产主义者的身份。然而当他放下这些的时候,当他把所有这一切从自己身上清除干净的时候,他这么做或许是出于一种反应,或许是由于他已经从整体上、从理性上十分清楚地认识到了这些幻想以及信仰制造的荒谬性。因为他在没有任何歪曲的情形下去观察,因为他没有打算从中有所得,因为他没有去想所谓的惩罚和奖赏,因为他非常清楚地感知着,而这种感知的明晰便是智慧。在这智慧中便有非凡的安全——不是因为你变得安全了,而是因为智慧就是安全。

他已经理解了这一绝对的事实——而非相对的事实——那便是:在人类所制造出来的一切事物中都不存在任何的安全。他领悟到,所有的宗教都不过是由人类的思想发明创造出来的产物。

当他意识到了我们所有的离间和界分——当存在信仰、教义和仪式时,便会出现离间和界分,这是宗教的整个结构——当他十分清楚地察觉到了所有这一切的时候——不是将其视为某种理念,而是把它看作一种事实——那么这一事实就会揭示出智慧所具有的非凡特质,那便是,在它当中存在着彻底的安全。

8. 肯定从否定中产生

我们应对着日常生活的各种事实，应对着我们的生存方式。我们大多数人都从这些事实中提炼出理念和结论，而这些理念与结论就成为了囚禁我们的监狱。我们或许可以给这个监狱安装通风设备，但却仍然生活在监狱之中，在那里继续将事实抽象为各种理念和结论。我们并不是在处理理念、外来的哲学思想或者抽象的结论，而是正在探究需要十分审慎以及严肃对待的问题——因为情势已经是万分危急了。假如你意识到了世界上所发生的情形，意识到了在经济、社会和政治领域所存在的各种问题，意识到了各国政府正在扩军备战，那么你就会变得格外认真和严肃起来的。此事非同小可，你必须要有所行动。

我们大多数人都是平凡之辈——只会走到半山腰。而卓越则意味着要攀至山顶，我们需要卓越，否则我们便会被政客、被思想家所窒息、所毁灭，无论他们是共产主义者、社会主义者还是其他。我们要求自己具有最高形式的卓越。只有当思想进入了澄明之境并且心怀慈悲时，卓越方会出现。倘若没有澄明和慈悲，人类的心灵便会毁灭全人类、毁灭整个世界。

我们运用着理性、清楚而客观的思考以及逻辑，然而它们本身并不会带来慈悲。我们必须要运用自己所具有的特质，那便是理性和仔细的观察，而通过理性与观察，我们便能够培养起卓越的洞察力，去探究意识的各种内容。然而慈悲并不存在于其间，这里面或许有同情、慰问和宽容,或许有伸出援手的渴望,或许有某种爱的形式,但所有这些都不是慈悲。

慈悲是爱或者愉悦吗?我们每一个人都在不惜任何代价去寻觅和追求的愉悦,其意义何在?什么是愉悦呢?有源于占有的愉悦;有源于拥有某种能力或天赋的愉悦;有当你支配他人时所产生的愉悦;有当你拥有巨大的政治、宗教或经济权力时所生发出来的愉悦;有性的愉悦;有金钱所给予你的自由感的愉悦。存在着各种各样的愉悦形式。愉悦中会有快乐,再深入一步则会有狂喜,即那种沉浸在某种事物里的极度的喜悦之感。"狂喜"超越了你自己,自我——也就是"我"、自己——已经彻底地消失了,只存在着一种置身事外的感觉,这便是狂喜。然而这种狂喜,无论它是什么,都与愉悦没有任何关系。

你在某种事物里获得了喜悦,当你看到某个非常美丽的事物时,这种喜悦之情就会自然而然地生发出来。在这一时刻,在这一瞬间,既没有愉悦,也没有欢乐,只有观察的感受。而在这种观察里是没有自我存在的。当你看到一座被白雪覆盖的山峦时,看到它那绵延起伏的山谷,感受到它的庄严和壮丽时,所有的思想都会被驱散开去。它就矗立在那儿,它的伟大就呈现在你的眼前,于是喜悦的涟漪便会在你的心湖荡漾开来。然后思想出现了,将这番奇迹般的、美妙的体验作为记忆给记录了下来。尔后这一记录、这一记忆得到了增长,这种增长便是愉悦。无论思想何时干预到了对美的感受、对任何伟大之物的感受,比如一首诗作、一汪河水,或者田野里一株孤独站立的树木,它都会加以记录。然而我们应当仅仅是去凝视这立于眼前的美,不做任何的记录——这是极为重要的。当你记录它的美的时候,那么这种记录便会使思想开始运作起来，尔后就会生出渴望，想要去追逐这美，而这种对美的追逐又会变成对愉悦的追逐。你看到了一位美丽的妇人或英俊的男子，于是它就被立即记录在了大脑里，之后这一记录让思想开始运作起来，于是你便希望有她或他为伴。昨晚或两周前你有过性的体验，你记住了这一体验并且渴望再次经历，而这便是对愉悦的要求。

大脑的功能是记录。在记录中，它是安全的，它知道该做什么，由此会产生出技能的发展。这种技能反过来又会成为一种巨大的愉悦，成为一种天赋。它是思想经由渴望和愉悦的一种运动与持续。

有可能只去记录那些绝对必需的事情，而不去记录其他吗？举一个非常简单的例子：我们大多数人都有某种身体上的疼痛，这种痛苦被记录了下来，于是大脑说道："明天或者一周以后我必须要十分的小心，以便不要让这痛苦再次袭来。"身体上的痛苦往往是歪曲性的，因为当有巨大的痛苦存在时，你就难以做到清晰的思考。大脑的功能便是去记录下这一痛苦，如此一来就能防止自己去做那些会带来痛苦的事情。大脑必须记录，尔后便会生出恐惧，害怕这一痛苦以后会再次发生——正是记录制造出了恐惧。有可能终止这种痛苦，不让它继续存在下去吗？假如可以的话，那么大脑便拥有了自由的保障，然而在痛苦被延续的时刻，它永远都不是自由的。

有可能只记录下那些绝对必需的事情吗？所谓必需的事情，指的是有关如何驾驶一辆车、如何说一门语言的知识，是技术方面的知识，是阅读、写作的知识，诸如此类。但是在我们的人际关系里，例如在男人和女人的关系里，在这一关系中所发生的每一起事件都被记录在案了。那么会发生什么呢？女人被激怒了，她唠叨个没完；或者她很友好、和善；

或者她在男人出门上班之前说一些不好听的话。所以，通过记录，关于她的形象被树立了起来，而她也建立起了某个关于他的形象——这是一种事实。在人际关系中，在男人和女人之间或者邻里之间的关系中，会有记录以及形象制造的过程。然而当丈夫说着某些难听的话时，就只是仔细地去聆听，然后就此打住它，不要让它继续，于是你将发现不会再有任何形象的制造了。假如在男人和女人之间没有了形象的制造，那么他们的关系便会截然不同了，不会再有那种一个想法反对另一个想法的关系——这便是我们通常所说的关系，然而实际上这并不是，它仅仅是观念而已。

大脑在由思想所提供的持续运动中对某个事件予以了记录，而愉悦则会尾随其后，所以思想是愉悦的根源。如果你没有任何想法，那么当你看到了某个美丽的事物时，它就会在这里止步。但思想却说"不，我必须要拥有它"，于是思想的整个运动便由此产生了。

愉悦同快乐之间的关系是什么？快乐是不请自来的。你沿着一条街道行走，或是坐在一辆巴士里，或是在树林里漫步，你看着那些花朵、山峦，看着那蓝天白云，突然间，你感觉到了一种巨大的喜悦；随后便会有记录，思想说道："这是多么绝妙的事物啊，我必须拥有得更多。"因此，快乐再一次被思想制造成了愉悦。你应当把事物看作它们本来的样子，而不是你所希望的样子；你应当正确地看待它们，不做任何歪曲，仅仅是去观察真实发生的情形。

什么是爱？它是愉悦吗——即经由思想的运动所产生的某个事件的持续吗？一件事情发生了，你活在对它的回忆里，你感受到对某个已逝去的事件的回忆，你让这一回忆复苏，并且说道：

"我们曾一道坐在那棵树下,那是一段多么美妙的经历啊!这便是爱"——这一切便是对某个已逝之物的记忆。这是爱吗?爱是否是性的愉悦呢?——性里面有温存,有和善——然而这便是爱吗?

如果爱就是愉悦,那么它便强调对过去事物的记忆,因而会带来对自我的过度看重——我的愉悦、我的兴奋、我的回忆。这难道就是爱吗?爱便是渴望吗?什么是渴望呢?一个人渴望一部车、渴望一栋房子、渴望出人头地、渴望权力和地位。他所渴望的事情无穷无尽,渴望像你一样的美丽、渴望像你一样的聪慧。欲望会带来澄明吗?

那被称为爱的事物,是以欲望为基础的——渴望与一个女人或男人同眠,渴望占有她、支配她、控制她。"她是我的,不是你的。"爱是否就存在于这种源于占有、源于支配的愉悦之中呢?男人征服、支配着世界,而女人则反抗着这种征服。

什么是欲望?欲望是否会带来澄明?在欲望的田野里是否能开出慈悲的花朵?如果欲望不会带来澄明,如果欲望这片田野并不能生长出那代表着美与伟大的慈悲之花,那么欲望有什么作用呢?占有何种位置呢?欲望是如何出现的呢?你看到了一位美丽的妇人或英俊的男子——你看到了她或他,于是便会有感知,尔后是接触,再然后是感觉,之后这种感觉被思想所取代,变成了形象以及欲望。你看到了一个漂亮的花瓶、一个美丽的雕刻作品——古埃及的或是古希腊的——你看着它,你触摸它,你看着雕刻品上面那个盘腿坐着的人像,你由此生出了某种感觉:这是多么美妙的一个东西啊!而这种感觉又会滋生出欲望:"我希望把它放在我的房间里,每天都能看到它,每天都能触碰它。"——占有的骄傲、拥有一件如此美妙之物的骄傲。这便是欲望:看见、触碰、感觉,尔后思想,用这一感觉来培养起占有的欲望。

那么难题便出现了:由于认识到了这一点,因此那些宗教人士们便主张说:"宣誓禁欲守贞;不去看女人,假如你看到了她,就把她当作你的姊妹、你的母亲来对待;因为你在服侍神,你需要用全部的能量来服侍他;在服侍神的过程中你将会承受巨大的苦难,所以要做好准备,不要浪费你的能量。"然而欲望却在你的内心燃烧着,所以我们要努力去认识这股不断在燃烧、在沸腾、想要使自身获得圆满和完善的欲望之火。

欲望来自运动—看见—接触—感觉—思想及其形象—欲望。于是我们说道:看见—接触—感觉,这是正常的、健康的——然后就此打住,终止它,不要让思想来接管它,随后将其制造成欲望。假如你领悟到了这一点,那么你将发现不会再有任何对欲望的压抑了。你看到了一栋漂亮的房子,它拥有完美的比例,它的窗户可爱极了,屋顶伸向蓝天,墙壁厚而坚固,还有一个维护得很好的美丽花园。你看着它,内心萌发出了某种感觉。你触碰它——你可以并不真的与它接触,你能够用你的眼睛去触摸它——你吮吸着那清新的空气、那刚被修剪过的青草的味道。你不能够就此打住吗?在这里结束,说道:"这真是一栋美丽的房子啊!"然而你的大脑并不做任何的记录,你的思想不会说:"我希望拥有这栋房子"——这便是欲望以及欲望的持续。假如你理解了思想与欲望的本质,那么你就可以十分容易地做到这样了。

思想是爱吗?思想能否培养出爱呢?它不是愉悦,它不是欲望,它不是回忆。那么什么是爱呢?爱是嫉妒吗?爱是一种占有的感觉吗——对我的妻子、我的丈夫、我的儿女的占有吗?爱不是嫉妒、不是占有、不是对失去的恐惧,将这些事物彻底地清除、彻底地终结,把它们放到属于它们的正确位置上,尔后爱的种子便会萌芽。

肯定是经由否定而来。你问自己说:愉悦是爱吗?——你研究愉悦,然后发现它并非如此——尽管愉悦有它自己的作用和位置——因此你否定了愉悦即爱这一观点。你发现爱并不是回忆,虽然回忆是必需的;所以把回忆放在它的正确位置上,于是你便对回忆即爱这一看法也予以了否定。你否定了欲望,虽然欲望有属于它自己的位置。所以肯定是经由否定而来的。然而我们却恰恰相反,我们先是假定了肯定的存在,随后则陷入到了否定之中。所以一个人必须要由质疑开始——彻底的质疑——尔后你便会带着确定来结束。然而假如你是以确定作为开始的,那么你将会以不确定和混乱告终。

所以肯定是从否定中产生的。

9. 因为存在着空间，于是便有虚空与彻底的寂静

对于我们来说，时间是非常重要的，无论是年代顺序层面上的时间，还是心理层面的时间，而我们对心理的时间是如此依赖。时间与运动相关联——从这里到那里需要耗费时间；一段距离被覆盖，达至某个目的，实现某个目标，全都需要时间；学习一门语言需要时间。时间已经被延至到了心理的领域："我们需要时间来达至完美；我们需要时间来克服某个事物；我们需要时间来摆脱我们的焦虑、悲伤和恐惧。"在技术领域、在实践性的事务中都需要时间，而这种对于时间的需要也被引入了我们的心理空间，并为我们所接受。消灭国家主义、民族主义，实现世界大同，所有人都亲如手足，我们认为这需要时间。心理的时间代表着希望：世界如此的疯狂，让我们寄望于未来会有一个健全的世界。我们质疑是否存在着心理的时间这一事物。我们问道：是否有一种不包含时间的行为呢？由某个原因、某个动机而生发的行为是需要时间的，基于某种记忆模式的行为也需要时间来展开运作。如果你怀有某个理想，无论这一理想是多么的崇高、多么的美丽或是浪漫，甚至于多么的荒谬，你都需要时间来达到这一理想化的状态。而要达到这种状态，你就会去破坏现在。此刻发生在你身上的事情是无关紧要的，重要的是将来。为了将来——为了某个由全世界的思想家、宗教导师们所建立起来的令人惊叹的未来——现在是可以被牺牲掉的。我们对此予以质疑，询问是否存在着任何心理层面的时间。假如并不存在的话，那么也就没有了希望。"如

果我没有了任何希望,那么我该怎么办才好呢?"希望之所以如此重要,是因为它给了你满足、给了你得到某个事物的能量与动力。

当一个人仔细地、不带任何感情地、理性地察看时,他会想知道是否存在着心理的时间。只有当他离开了"真实面目"时,才会有心理上的时间。当他认识到了自己的残暴,尔后开始询问如何摆脱暴力的时候,才会有心理的时间。这种离开自己的"真实面目"的运动便是时间。但假如他彻底地、完全地意识到了"真实面目",那么就不会存在任何这样的时间了。

我们大多数人都是暴力的,暴力不仅是指击打某个人的身体,而且还包括愤怒、嫉妒、对权威的接受、顺从、模仿以及听命于他人。人类是暴力的,这是一个事实。"暴力"一词便是对它本身的谴责,通过对"暴力"这一词语的使用,你便已经在对暴力予以谴责了。请好好审视一下该问题的复杂性吧。由于暴力、疏忽或懒惰,我们便想离开这种状态,并发明出了意识形态的非暴力。这便是时间——从"真实面目"向"应有面目"的运动。当仅仅有"真实面目"存在时——并非只是口头上的对"真实面目"的认同——这一时间便会终结了。愤怒、憎恨或嫉妒是暴力的一种形式,"愤怒""憎恨"或"嫉妒"这些词语,其本身便是谴责性的。当我说"我愤怒"的时候,我已经通过过去的愤怒认识到了现在的愤怒,所以我使用"愤怒"这一属于过去的词语,并且用该词语来鉴定现在的愤怒。词语已经变得分外重要。但如果不去使用词语,那么就只有事实和反应存在,于是也就没有对这种感觉的强化了。

假如从心理层面来说的话,我们能否没有明天地生活呢?声称"我爱你,我明天会与你见面",这一情感在记忆中是以明天为指向来设计的。

是否存在着一种完全没有时间的活动呢？爱不是时间，它不是一种回忆。如果它是回忆的话，那么很显然它就不是爱。"我之所以爱你，是因为你给了我性，或者你给了我食物，或者奉承我，或者你说你需要一个伴；我很孤独，因此我需要你"——所有这些显然都不是爱，对吗？当有嫉妒存在时，当有焦虑或憎恨存在时，这就不会是爱。那么什么是爱呢？显然，爱是一种心灵的状态，在这种状态里，没有任何言语的表达，没有任何回忆，只有某种当下的事实。

在日常生活中存在着一种生存方式，在这种方式里，时间——即由此状态移向彼状态的运动——已经消失不见了。这时候会发生什么呢？你会拥有一种非凡的活力，你的思想会感到分外的明晰。于是你仅仅是去应对事实，而不是观念。然而由于我们大多数人都被囚禁在了观念里并且接受了这种生活方式，因此离开这种状态便是非常困难的。但只要你对它展开探究，它便会结束。

我们的心灵为各种知识、焦虑、问题、金钱、地位和名望所充斥着，心灵背负着如此之多的重担，以至于完全没有一丝空间剩下。但假如没有空间的话，也就不会有秩序存在。

当我基于某个方向来察看时，我便失去了空间的辽阔。只要存在着方向，那么空间便将是有限的。哪儿有目的、目标、想要获得的某个事物，哪儿就不会有空间存在。如果你在生活中怀有某个目的，你为了这一目的而生活，你全神贯注在它的身上，那么哪里还会有空间存在呢？但倘若没有专注，那么便会有广阔的空间。

当我们从某个中心来察看时，空间便会是有限的。当不存在任何中心时，也就是说，当不存在由思想制造出来的"我"这一结构时，便会有巨大的空间。倘若没有空间,就不会有秩序、不会有澄明、不会有慈悲。

生活在不做任何努力的状态里,生活在没有意愿的行动里,生活在巨大的空间里,这便是冥想的一部分。

迄今为止我们仅仅触及了海洋表层的波浪,你只触及了它的表层。假如你走得足够远的话,你便可以探究到海洋的深度——当然,你必须要懂得如何潜入深海;不是你真的去潜水——真理便会出现。

存在着全神贯注、不做选择的察觉以及关注。全神贯注或者说专注,意味着抵制。专注于某个事物,专注于你正在阅读的那一页,或者专注于你正试图去理解的那个段落。专注便是把你的全部能量都投向某个特定的方向。在专注中存在着抵制,因而也就会有争斗和界分。你想要专注,而思想则开溜到了其他某个事物上,于是你便将它给拉了回来——这便是争斗。如果你对某个事物感兴趣,那么你便可以十分容易地做到专注。"专注"一词所指的,便是将你的心灵放在某个特定的事物上、某个特定的图像或者行动上。

不做选择的察觉,是指既要意识到外部的事物,也要察觉到内部的事物,不去做任何的选择。只是去察觉到那些树木、那些山峦,察觉到那美丽的大自然——仅仅是去察觉这一切。不要加以选择,不要说:"我喜欢这个","我不喜欢那个",或者"我想要这个","我不想要那个"。也就是说在没有观察者的情形下去观察,观察者便是过去,是被限定的,总是会从某个被限定的视角来察看,因此便会有喜欢、不喜欢,诸如此类。不做选择的察觉,意味着要观察你周围的整个环境,观察那些山、那些树,以及这个丑陋的世界和无数的城镇。仅仅是去察觉、去观察,在这种观察里没有任何的决定、意愿或是选择。

在关注里不存在任何的中心,不存在"我"的参与。当使关注受局限的"我"消失不在时,关注便将是不受约束的,便将拥有无限的空间。

在了解了所有意识表层的波浪——恐惧、权威、所有与我们正在探究的对象相比微不足道的事物——之后,心灵便清空了意识的全部内容。它已是空无一物,不是通过意愿的行为、不是通过渴望、不是通过选择。尔后意识便将会彻底的不同,进入到一个迥异的维度之中。

因为存在着空间,所以便会有虚空以及彻底的寂静——不是被实践的寂静,不是被引导的寂静,这些都仅仅是思想的运动,因此便是毫无价值的。当你经历了所有这一切——在经历的过程中会有巨大的喜悦,就仿佛在玩某个奇妙的游戏一样——那么在这种彻底的寂静之中便会存在一种运动,这种运动不受时间的局限,不为思想所测量——思想在它里面没有任何的位置——于是便会出现某种绝对神圣与永恒的事物。

10. 拥有洞察力的心灵，其状态是彻底的空寂

当智慧被唤醒时，它便能够真正深刻地去洞悉我们所有的心理问题、危机和障碍，不是通过智力上的理解，不是通过冲突来对问题进行解决。对某个人类的问题的洞悉，便是去唤醒这种智慧或者拥有这种智慧，于是便会有洞察力。在这种洞察力中不会有任何斗争。当你极为清楚地审视某个事物时，当你了解了关于事物的真理时，你便会就此打住，不会去反抗它，不会试图去控制它，不会展开各种有计划的、有动机的努力。由这种洞察力会产生行动——不是延迟的行动，而是立即的行动。

我们从孩提时代起便被教育着去尽可能深入地展开各种形式的努力。假如你观察自身，你会发现我们费了极大的努力来控制我们自己，来压制、调整和修正我们自己，去适应你或者其他人所建立的某种模式或目标，于是便会有不断的斗争。因此我们询问道：我们的日常生活里有可能不存在任何斗争吗？

我们大多数人都对各种政治、宗教、经济、社会和意识形态的问题有着清醒的认识，而我们便生活在这些问题之中。由于对这一切多少有所意识，因此我们大多数人都感到了不满。当你年轻的时候，这种不满会如一团火焰在胸中燃烧，于是你便生出了一股激情，想要去做些什么。因此你加入了某个政治党派，"极左"的、极具革命性的党派，诸如此类。通过加入某个团体，通过采取某种立场、接受某种意识形态，这团不满的火焰渐渐熄灭掉了，尔后你似乎感到满足了。你说道："这便是我

想要去做的事情。"你将你的整个身心都投入其中。然而渐渐地你发觉,假如你彻底意识到了所有这些问题的话,你便会感到不满。但这已经太迟了,你已经把大半辈子都献给了你以为完全值得的事情,但之后你却发现事实并非如此。而此时你的能量、能力和动力都已经消耗殆尽了,那团曾经熊熊燃烧的不满之火逐渐地熄灭掉了。你应该留意到这一模式,一代又一代人、你自己、你的孩子们、年轻人和老年人都在遵循着这一模式。

然而假如你对所有这些事情都保持着活力并且感到不满,假如你不会让这种不满被想要获得满足的渴望给压制住,假如你不会让这种不满被想要使自己适应环境、适应既定制度、适应某个范式或某种乌托邦的理想的渴望给压制住,假如你让这团火焰继续燃烧,而不是满足于某个事物,那么这种肤浅的满足便没有一席之地了。而这团不满的火焰则会要求某种更加伟大的事物,于是范式、上师、宗教、既定制度就会变得彻底表面化了。不满的火焰,因为它没有出口,因为它没有一个能让它在其中使自身得以完善的对象,于是这火焰就化为了巨大的激情,而这种激情便是智慧。如果你没有陷入这些表层的、本质上属于反应的事物之中,那么这团非凡的火焰便会增强,便会越烧越旺。而这种增强会带来心灵的一种特质,那便是心灵立即拥有了对事物深刻的洞察能力,而由这种洞察力则会产生出行动。

这样的不满不会使你变得神经质或是带来失衡。只有当这种不满被转变,或者落入到某种圈套之中时,才会出现失衡。于是便会有歪曲,便会有各种内心的争斗。

如果你已经落入到了这些圈套之中,那么你能否将它们抛在一边,将它们清除干净，将它们摧毁呢？——你应当去做你所喜欢的事情，但是现在却是拥有这股巨大的不满之火。这并不意味着你应该去向人群扔炸弹，沉溺于身体上的革命和暴动。当你把人们以及你自己在你周围所制造的全部圈套都抛至一旁时，这团火焰就会变成最高的智慧。而这种智慧将给予你洞察力，当你有了洞察力的时候，由这种洞察力便会产生出立即的行动。

行动不是明天。存在着没有原因的行动，没有理由的行动，没有动机的行动，不依赖于某种意识形态的行动。那些认真之士的一个要求，便是去探明是否存在着这样的一种行动。从本质上来讲，这种行动是凭借着自身的力量，它没有原因和动机。审视一下这里面所包含的意味吧：没有遗憾，没有对这些遗憾的保持，没有在这些遗憾之后所出现的各种结果。这样的行为不依赖于某种过去的或将来的思想体系，它是一种始终自由的行动。只有当源于智慧的洞察力出现时，这种行动才是可能的。

大多数人都会说必须要有斗争存在，否则便没有成长；斗争是生命的一部分。森林里的一株树木努力着想要触到阳光，这是一种斗争的形式。每个动物都处于斗争的状态，就连被认为拥有智识的我们人类，也依然处于无休止的斗争之中。于是你心中的那股不满说道："为什么我应当处于斗争之中呢？"斗争意味着比较、模仿、顺从、适应某个模式——所有这些都是一种斗争的过程。斗争越深入，你就会变得越神经质。所以，为了从这种斗争中暂缓一下，你便去对神笃信不已——于是我们便制造出了这个畸形而丑陋的世界。

斗争意味着比较。一个人能否不进行比较地生活呢？——这意味着没有范式、没有某种权威的模式，没有对某个特定的思想体系的遵从。

这意味着从观念这座监狱里成功地突围而出，如此一来便不会再有比较、模仿和顺从，于是你就会坚持"真实面目"。只有当你将"真实面目"与"应有面目"或"可能面目"进行比较时，或者将"真实面目"转化为"非本来面目"时，比较才会出现，而所有这些都意味着斗争和冲突。

不做比较地生活，便是要移走这个巨大的负担。如果你移走了比较、模仿、顺从、适应、修正这些负担，那么你就会与"真实面目"同在。只有当你试图去对"真实面目"做些什么的时候，只有当你试图去改变它、修正它、转化它，或者压制它、逃离它的时候，才会滋生出斗争和冲突。但假如你洞察了"真实面目"，那么斗争便会停止，你便会与"真实面目"同在。当你察看着自己的本来面目时，你的心灵状态会是怎样的？当你不去逃避、不去试图改变你的本来面目时，你的心灵状态会是怎样的？当一个心灵去观察并且拥有了洞察力时，它会是一种怎样的状态？拥有了洞察力的心灵，其状态是彻底的空寂。它摆脱了逃避、摆脱了压制、摆脱了分析、摆脱了这一切。当所有这些重担都被卸下来的时候——因为你懂得了它们的荒谬，这就犹如卸下了一副重担——于是便会有自由。自由意味着以空寂之心去观察，这种空寂给予了你洞察力，使你能够去洞悉暴力——不是各种暴力的形式，而是暴力的全部本质以及结构——于是你便会对暴力展开立即的行动，那便是彻底地摆脱了所有的暴力。

11. 当痛苦存在时，你便无法去爱

我们说爱是痛苦的一部分。当你爱着某个人的时候，这种爱便会带来痛苦。我们想知道是否有可能从一切痛苦中解脱出来。当人类的意识摆脱了痛苦而获得自由时，这种自由将会带来某种意识的转变，而这一转变则会对人类的整个痛苦产生影响，这便是慈悲的一部分。

当痛苦存在时，你就无法去爱。这是一条真理、一条法则。当你爱着某个人，而他或她却做了一些你完全反对的事情，那么你便会感到痛苦，而这表明你并非爱着这个人。领会一下其中的真意吧。当你的妻子恋上了其他人、弃你而去时，你会遭受怎样的痛苦呢？我们会变得愤怒、嫉妒与憎恨，同时还会叫喊说："我爱我的妻子！"然而这样的爱并不是真正的爱。因此，有可能一方面心中绽放着爱的花朵，一方面又不会感觉到痛苦吗？

痛苦的本质——它的本质，而不是它的各种形式——是什么？痛苦的本质是什么？痛苦难道不是揭示了一种完全以自我为中心的存在吗？这便是"我"的本质——自我的本质，一种有限的、封闭的、抵制性的存在，这便是所谓的"我"。当"我"这一结构苏醒时，便会对某个要求理解力和洞察力的事情予以拒绝，而这便是痛苦的根源。假如"我"不存在了，那么还会有痛苦吗？一个人将会去对他人施以援手，将会做各种事情，但他不会感到痛苦。

痛苦所表达的便是"我"，它包括了自怜、孤独、试图逃避、试图

与一个已经离去的人在一起——及其所意味的其他一切。痛苦便是"我","我"则是形象、知识以及对过往的回忆。所以,痛苦、即"我"的本质与爱之间的关系是什么呢?爱与痛苦之间是否存在着任何关联呢?"我"是被思想创造出来的,然而爱也是由思想创造而成的吗?

爱是由思想创造出来的吗?——对痛苦的记忆,对快乐、对愉悦的追逐——追逐性的愉悦、追逐占有某人或被他人占有的愉悦——所有这一切便是思想的结构。"我"及其名称、形式、记忆,都是由思想梳理而成的——这是显而易见的。但倘若爱并不是由思想创造出来的,那么痛苦便和爱无关,因此源于爱的行动便不同于源自痛苦的行动。

思想在与爱的关系中、与痛苦的关系中占据何种位置呢?想要洞察这一问题,意味着你不能逃避,不能渴望获得慰藉,不能惧怕孤独或孤立,因此也就意味着你的心灵是自由的,而自由的事物便是一种空寂的状态。如果你拥有了这种空寂,那么你便能够去洞察痛苦。尔后痛苦即"我",便消失不见了,于是便会产生立即的行动,这种行动源自于爱,而不是来自于痛苦。

你将发现,源于痛苦的行动便是一种"我"的行动,因此就会存在无休止的冲突和斗争。你能够懂得其中的逻辑与理性,只有这样才有可能在没有一丝痛苦的阴影之下去爱。思想并不是爱,思想也不是慈悲。慈悲是一种智慧。什么是智慧的行为?假如一个人拥有智慧,那么它便会运作,便会行动。但如果他询问道:什么是智慧的行为?——那么他就仅仅是希望该想法得到满足。当他询问说:什么是慈悲的行为?——这难道不是思想在发问吗?这难道不是"我"在说道:"倘若我能够心怀慈悲,那么我的行为是否就会有所不同了呢?"所以当一个人提出了这样的问题时,他就依然困在思想的层面里。然而一旦洞察了思想,思想便会拥有属于它自己的正确位置,而随后智慧也就开始运作了。

12. 悲伤是时间与思想的结果

我们关注着人类的整个存在,我们想知道一个人是否能够从他的艰辛、努力、焦虑、暴力和残忍中解脱出来,想知道悲伤是否能够终结。

为什么人类终其一生都会承受并且忍耐痛苦呢?能否将痛苦完全终结呢?

一个人应该摆脱所有的意识形态的束缚,因为意识形态是一种危险的幻觉,无论它们是政治的、社会的、宗教的还是个人的。所有的意识形态,或者结束于极权主义,或者结束于宗教限定——比如天主教教徒、新教徒、印度教教徒、佛教徒、诸如此类;而意识形态就变成了如此沉重的负担。所以,倘若想要探究痛苦这一重大问题,一个人就必须从所有的意识形态的羁绊中解放出来。他或许已经经历了许多的痛苦,而这必然会带来某些确定的结论。然而想要探究这一问题,他就得彻底地摆脱掉所有的结论。

显然存在着生理上的、身体上的痛苦,假如一个人不是格外小心的话,这种痛苦或许便会扭曲他的心灵。然而我们所关心的是人类心理上的痛苦,在对这种痛苦展开探寻的过程中,我们研究的是全体人类的痛苦,因为我们每一个人便是所有人类的实质所在。我们每一个人,从心理层面上来说、从内心深处来说,都与其他人是一样的:他们遭受着痛苦,他们经历着巨大的焦虑;他们充满了不确定感;他们感到困惑与混乱;他们处于极度的悲伤、失落和孤独之中,我们每一个人俱都如此。从心理层面来说，我们所有人都没有区别，我们便是世界，世界就是我们。这不是一种信念，不是一个结论，也不是智识上的理论，而是一种真实的存在，一种被我们感受到、认识到的真实存在，而我们便活在这一切实存在的情形之中。想要探究有关悲伤的问题，你应该不仅去研究你自己的有限的悲伤，而且还要去研究整个人类的悲伤。不要将它简化为一种仅仅属于个体的事情，因为当你理解了人类所遭受的巨大痛苦时，当你懂得了这种痛苦的巨大性与普遍性时，你自己的那部分就会在其中扮演起了某个角色。对悲伤这一问题的研究，并非是一种自私的探寻，仅仅是关心我该如何去摆脱悲伤。如果你将这种探寻局限于个体，那么你将不会懂得悲伤是如此的巨大以及它的全部涵义了。

与悲伤相对立的便是快乐，正如在一个人的意识中存在着善与恶一样。一个人的意识里，既有悲伤，也有一种快乐的感觉。在探寻的过程中，他不应把悲伤当作快乐、开心、愉悦的对立物来看待，而应该去关注于悲伤本身。对立物是你中有我，我中有你的。假如善是恶的产物，那么善便包含了恶。假如悲伤是快乐的对立物，那么对悲伤的探寻便应该扎根于快乐之中。我们应当去探究悲伤本身，而不是将其当作其他某个事物的对立物来察看。

重要的是要去了解一个人该如何观察悲伤的本质及其运动。他是如何审视自己的悲伤的呢？假如他认为悲伤与自我是不同的，那么在他自己与那被他称为"悲伤"的事物之间便会存在着划分。然而悲伤与自我是不同的吗？悲伤的观察者与悲伤本身是不同的吗？抑或观察者便是悲伤呢？不是因为他摆脱了悲伤，尔后审视着悲伤，或者与悲伤相认同。悲伤并不是处在观察者的领域里，它就是悲伤。观察者就是所观之物，体验者便是被体验之物，就如思想者便是思想一样。当观察者说"我处于悲伤之中"时，并不存在任何划分。尔后观察者将自己划分走了，并且试图去对悲伤做些什么——逃离它、寻求慰藉、压制它，以及尝试各种方法想要超越悲伤。但如果一个人认识到观察者即所观之物这一事实时，他就会消除在二者之间进行的划分，因为正是这种划分带来了冲突和斗争。一个人被教育而认为观察者与所观之物是截然不同的，例如：一个人是分析者，因此他能够去分析——然而分析者实际上也就是所分析之物。所以，一旦认识到了这一点，观察者和所观之物之间、思想者与思想之间就不会再有区分——假如没有思想者，那么也就不会有思想可言——二者是同一的。

所以，如果一个人懂得了观察者即所观之物这一道理，他就不会去对悲伤发号施令了，他不会告诉悲伤应当如何或者不应当如何，他只会去观察它，不做任何选择，没有任何思想的运动。

存在着各种悲伤：有不得不去工作的人，有始终陷于贫穷中的人，有从来不曾享受过干净衣裳或是洗过热水澡的人——就像在穷人身上所发生的那样。忧伤于无知，忧伤于孩子遭受虐待，忧伤于动物被杀戮——活体解剖，诸如此类。有对战争的悲伤，这种悲伤影响了整个人类；有当你所爱的人死去时的悲伤；有渴望达至某个目标、结果却遭遇失败和受挫的悲伤。所以，存在着无数种悲伤。一个人是逐一地来应对这一个又一个的悲伤呢，还是把悲伤的根源作为一个整体来应对呢？他是逐一探究这成百上千种悲伤呢，还是直接切入到悲伤的根源呢？如果他选择的是前一种方法的话，那么他就将没完没了地应对下去。他或许可以把它们一个一个地减少，然而后面还有更多的悲伤在等着他。他能否审视悲伤这株大树的无数个枝丫,然后通过这一观察去探究树根,从外部进入内部,去研究根源何在呢?假如他不去终结悲伤,那么他的心中便不会有爱存在——尽管他或许对他人抱有同情,或许对世界上所发生的屠戮深感忧心。

什么是悲伤呢?为什么一个人会遭受痛苦呢?是因为他失去了所拥有的事物吗?又或者,之所以会有痛苦存在,是因为他被承诺说会得到奖赏,而实际上却没有兑现呢?——因为我们是通过奖励和惩罚来被教育的。一个人感到痛苦是由于自怜吗?是因为他不拥有某物而别人却拥有该物吗?他之所以会痛苦,是因为比较与衡量吗?他之所以会痛苦,是因为受到局限而没能获得他试图要去仿效的目标吗?是试图去遵从某种模式,但又从不曾完全地、彻底地达至这一模式吗?所以他异常深切地询问说:

"什么是痛苦?为什么一个人会遭受痛苦?"

当你去探究"悲伤"这一词语本身是否将一个人压弯的时候,你必须要格外地小心。悲伤已经被赞美、被浪漫化了,它已经被制造成了某种对于发现实相来说极为关键的事物——一个人必须要经历痛苦方能发现爱、怜悯和慈悲。我们通过痛苦来寻求某种奖赏。"悲伤"一词是否会带来悲伤的感受呢?抑或悲伤是独立于这一词语之外的,并不会受到该词的刺激呢?

假如这种探究是一个人生活里的重大转折点,那么当悲伤存在时,它便是一种挑战,而一个人的全部能量便都会聚集在一起——否则他就会将能量消耗在逃离悲伤、寻求慰藉、发明诸如因果报应说等种种解释上面了。什么是悲伤?悲伤能否终结?只有当一个人没有任何恐惧时，当他用自己的全部能量去回应悲伤，而不是去躲避它、寻求慰藉时，他才能够彻底地回应悲伤——这种回应是一个人所具有的全部能量的表现。

在我理解了悲伤的根源时，悲伤是否会消失呢？我可以对自己说道："我充满了自怜的情绪，如果我能够停止自怜，那么就不会有悲伤存在了。"所以我努力从自怜中解脱出来，因为我明白了自怜是一种多么愚蠢的行为；我试图去压制它，我对它担忧不已。从理智上来说，我或许可以认为自己已经摆脱了悲伤。对悲伤之因的探寻，是一种能量的浪费；悲伤就存在于这里，要求一个人投以巨大的关注。它是一种挑战，要求人有所行动。

然而一个人并没有这么做，相反的，他说道："让我去注意一下原因，让我去探明一下它是否是这个或那个。我可能弄错了，让我与其他人讨论一下，又或者是否哪本书能够告诉我悲伤的真正原因是什么？"然而所有这些行为都远离了确切存在的事实，远离了对这一挑战的真实回应。

如果一个人的头脑即思想的运动，通过它的记忆来观察，并且根据这一记忆、根据此前的知识来做出回应，那么他便不是在对这一挑战展开直接的行动，而仅仅是从记忆，从过去的经验来做出回应。我处于悲伤之中，我的儿子、我的妻子，或者社会的各种条件限定——贫穷、人性的残忍——带来了我内心的巨大悲伤。它渴望由我、这个作为全人类之代表的个体来予以一种彻底的回应。如果思想回应了这一挑战，说道："我必须要探明如何对其予以回应；我以前有过悲伤，我了解痛苦、焦虑、孤独与悲伤的全部涵义。"那么这就是在根据记忆来做出回应，所以并非是一种真正的回应，并非是真正明白了如下的事实，即依照过去来对该挑战做出的任何回应,都不是真正的回应,而只是单纯的反应。它不是行动,它只是反应。一旦明白了这一点,那么问题便会是:其根源,而不是原因何在?当存在着某个原因时,便会有结果,而结果反过来又变成了另一个原因,由此而来的行动则会变成下一个行动的原因,这便是连锁效应。当心灵被困在了这一有限的连锁效应之中,那么任何对挑战的回应都将是非常有限的,为时间所局限。然而一个人能否在没有时间间隔的情形下去对挑战展开行动呢?他或许不会真正怀有任何即刻的悲伤,但他看到了人类的悲伤是如此巨大——全人类共有的悲伤。假如他依照自己所受的各种限定、依照自己过去的记忆来回应该挑战的话,他就会被困在总是为时间所围的行动之中。挑战以及对它的回应,要求没有时间的间隔,所以便会有立即的行动。

恐惧是思想的运动——作为测量的思想。恐惧便是时间。思想是记忆、知识、经验的反应,它是有限的;它是一种时间里的运动。如果时间不存在了,那么也就不会有恐惧。此刻我活着,但是我害怕自己会死去——我可能将来会死去。思想产生出了一种时间的间隔。但假如时间的间隔不存在的话,那么也就不会有恐惧。因此,同样的道理:悲伤的根源是时间吗?——因为时间是思想的运动。倘若思想完全不存在了,那么当一个人对挑战予以回应时,还会遭受痛苦吗?

一个人能否暂时地抛开自己关于时间、悲伤和恐惧的所有习惯性的观念呢?抛开自己所有的结论、所有读到过的有关悲伤的结论,重新开始,就仿佛对悲伤一无所知。尽管他遭受着痛苦,但他对其没有任何答案。然而他已经受到了如此多的限制:把悲伤的担子放到其他某个人的身上,比如基督教就把这事儿做得很漂亮:去往教堂,从墙上挂着的耶稣受难的雕像去体察所有的痛苦。基督徒们把这一切痛苦都交付给了某个人，并且认为这么做他们便可以理解悲伤的全部涵义。在印度、在亚洲国家里，人们也有另一种形式的逃避——那便是因果报应说。然而我们应当在悲伤的时刻去直面这一真实的运动，不做任何选择，仅仅是去察觉到悲伤这一事物。尔后一个人会问道：时间，也就是思想，是否是令悲伤发展起来的根本性因素呢？思想是否要为痛苦负责呢？——不仅是对他人的痛苦、他人的残忍负责，还要为对地球的无视态度负责。

不存在任何崭新的思想，不存在任何自由的思想。存在的只有思想，而思想便是对作为记忆储藏在大脑里的知识与经验的反应。如果这便是事实，如果一个人了解到悲伤是时间和思想的结果这一真理——如果这并非是一种假设的话——那么他就会在"无我"的状态下对悲伤做出回应，因为"我"是思想创造出来的：我的名字、我的形态、我如何看问题、我的特质、我的反应、所有被获得的事物、所有被思想创造出来的事物。思想便是"我"，时间便是"我"，自我、自己，所有这些都是时间的运动。当时间不存在时，当一个人在"无我"的状态下对痛苦的挑战做出回应时，那么还会有痛苦存在吗？

难道所有的悲伤不都是以"我"、自己、自我为基础的吗？正是这个自我说道："我痛苦""我孤独""我焦虑"，这整个运动、这整个结构，便是思想中的"我"。思想不仅假定了"我"的存在，而且还假定了"我"是一种更为高等的事物——一种远远高于思想的事物，然而它依然是思想的运动。因此，当"我"不存在时，悲伤便终结了。

13. 什么是死亡？

　　一个人已经知道有无数的死亡——某个非常亲近的人的过世，或者在原子弹的爆炸中成千上万民众的丧生——例如1945年8月在广岛发生的惨剧，以及人类以和平的名义、以追求意识形态的名义在彼此身上所犯下的种种恐怖的罪行。因此，在没有任何意识形态、没有任何结论的情形之下，一个人询问道：什么是死亡？那死去的事物是什么——那终结的事物是什么？他发现，假如存在着某种持续性的事物，那么它就会变得机械化。如果一切终结了，便会有崭新的开始。倘若他感到害怕，他便不可能发现那被称为死亡的非凡之物。想要知道什么是死，他就必须要同时去探寻什么是生。然而他从不曾这么做过，从不曾询问过何为生。死亡是不可避免的，但活着又是什么呢？活着是否便是这种巨大的痛苦、恐惧、焦虑、悲伤以及其他的一切呢——这便是活着吗？由于执着于生，因此他就会惧怕死。假如他不知道何为生，那么他便不会懂得何为死——生与死是统一的、并行的。他若能探明生命的全部涵义，他就将懂得什么是死亡了。但是他通常只会去询问死亡的涵义，却不去探究生命的意义。

　　当一个人询问"生命的涵义是什么"的时候，他立即会有一些结论。你会说生命的涵义是这个；而我则会根据我的条件背景来赋予生命另一种涵义。假如这个人是一个理想主义者，那么他会依照自己的条件背景、依照他所读到的东西来赋予生命某种意识形态的内涵。但如果他不去赋予生命某种特定的涵义，如果他不去声称生命是这个或那个，那么他便是自由的，他便摆脱了意识形态的束缚，摆脱了政治、宗教或社会体系的羁绊。因此，在一个人询问死亡的涵义之前，他应该先问一问什么是活着。人活着便是生命吗？生命是彼此间不断地争斗吗？是努力彼此理解吗？活着便是依照某本书籍、依照某些心理学家的理论、依照某种正统的风俗或信仰来生存吗？

倘若一个人把所有这些都彻底地抛在一边，那么他就会以"真实面目"开始。所谓"真实面目"指的是，我们的生活已经变成了一种巨大的折磨，一种人与人之间、男人和女人之间、邻里之间的可怕的争斗。生活是一场斗争，其间偶尔会有自由，能够去仰望一下蓝天，能够看到某个可爱的事物，欣赏它、短暂地开心一下，然而生命的天空不久又会布满争斗的乌云。我们将这一切称为生活：去往教堂，重复着所有传统，接受某些意识形态。这便是一个人所谓的生活，他把自己交付给了它，接受了它。然而不满有其重要意义——我是指真正的不满。不满是一团火焰，一个人通过孩子气的行为、通过暂时的满足压制住了它，然而当你让它生长的时候，它便会烧毁掉所有不真实的事物。

一个人能否过一种完整的、不支离破碎的人生呢？——在这种人生里，思想不会划分为家庭、办公室、教堂、这个或那个，不会把死亡划分走，以至于当它来临之时，他会对其感到惊恐不已。他对死亡是如此地震惊，所以他的心灵便无法去迎接死亡，因为他并没有过一种完整的人生。

当死亡到来的时候，一个人无法与其争论，他无法说："再等几分钟。"——它就在这里了。当它到来时，心灵能否在他还活着的时候，在他还拥有活力与能量的时候，在他还生机勃勃的时候去迎接一切的终结呢？当一个人的生命没有被浪费在冲突和焦虑中时，他便会充满了能量，他的心灵便是一片澄明之境。死亡意味着一个人所知道的一切事物的终结，意味着他放在银行里的全部存款、他所取得的全部成就都灰飞烟灭了——一切都将彻底结束。在一个人还活着的时候，他的心灵能否去面对这种所有的一切都终结的状态呢？假如心灵能够去面对这一切的话，他便会懂得死亡的全部含义了。倘若他执着于"我"，执着于这个他相信应该延续下去的"我"，这个由思想创造出来的"我"，这个他相信在其间有一种最高的意识存在的"我"，那么他便无法在生命中认识到死亡的含义了。

思想活在已知中，它是已知的结果。假如没有从已知中解脱出来，那么一个人就不可能去探明什么是死亡。而死亡是一切的终结，是机体及其固有的习性的终结，是它所获得的所有记忆与名称的终结。当一个人走向死亡的时候，他无法将这一切带走，他无法带走自己所有的记忆。所以，同样的道理，一个人必须要终结他在生命里所知道的一切。这意味着一种绝对的独自存在——不是孤独而是单独。从这种意义上来说，其他的一切都不存在了，存在的仅仅有一种彻底完整的心灵状态。

14. 空无便是全部能量之和

一个人的意识，即自我，充斥着他自己的观念、结论以及其他人的想法；充斥着他的恐惧、焦虑、愉悦、悲伤，以及偶尔到来、转瞬即逝的欣喜。这便是一个人的意识，这便是一个人的存在模式。

在一个人的意识领域里有可能发生根本性的转变吗？因为，假如这是不可能的话，那么他便永远活在一座由他自己的观念和想法所铸成的监牢里——永远活在一个充满了混乱、不确定和不稳定的领域之中。他以为，假如他从这片领域的某个角落离开、去到另一个角落的话，他就会发生巨大的改变，殊不知他依然处在同一片领域中。只要他生存在他的意识的领域之内，那么无论发生了多么大的改变，这片领域里都没有出现任何根本性的人的转化。

意识形态，即使构想得十分审慎和明智，最终都会带来危险的幻觉——无论它们是右倾的还是极"左"的，都将终结，或者终结于控制民众的官僚主义，或者终结于集中营，或者终结于依照某个特定的概念建立起来的具有破坏性的人类模式。这便是在世界的各个角落里所上演的情形，知识分子们已经向我们指明了这一点。

我们是各种宗教思想和教条的囚徒——天主教徒、印度教教徒、佛教徒，诸如此类。那些上师，带着他们对古代传统和思想体系所做的现代修正，也同样是这些思想意识的囚徒。

假如一个人审慎地、客观地观察着所有这一切，那么他便会认识到自己必须要抛开所有的思想体系,并且询问自己说:意识及其内容——也就是一个人的本质,以及他所有的冲突、争斗、混乱、痛苦和偶尔的快乐——是否能够察觉到它自己并且清空自己呢?这便是冥想中的一个难题。

冥想不是去寻求一个结果,不是有目的地探寻一个目标。通过冥想可以产生彻底的寂静,不是被培养起来的寂静,不是两个想法之间、两个声音之间的寂静,而是一种不可思议、难以想象的寂静。当处于这种探寻的过程中,大脑会变得异常的安静。当寂静出现时,便会有强大的感知。寂静里有虚空存在,而这种虚空便是所有能量的总和。

在对意识及其内容展开探究的过程中,重要的是要去探明一个人即自我是在观察意识,还是说意识在观察中察觉到了它自己,这是有所不同的。或者,一个人观察着自身意识的运动——他的渴望、所受的伤害、野心、贪婪以及意识内容所包含的其他一切;或者,意识察觉到了它自己。只有当思想认识到它只是在观察着它所制造出来的事物,也就是它的意识的内容时,这才会是可能的。于是思想便会懂得它只是在观察着自己,而不是那个由思想创造出来的"我"在观察着意识。存在的只有观察,尔后意识便开始显示出它的内容,不仅是表层的意识,还包括深层的意识,意识的全部内容。假如一个人了解到纯粹的、绝对的静止是何等的重要,那么意识便会敞开它的大门了。

一个人懂得了观察的艺术,那便是,不做任何歪曲、不带任何动机、不带任何目的——仅仅是去观察。在这种观察里会呈现出广阔的美,因为没有任何的歪曲,他清楚地看到了事物的本来面目。但假如他将它们抽象为了理念,然后通过这些理念来观察,那么这便是一种歪曲。

一个人自由地——没有任何歪曲性的因素——进入到对意识的观察之中。没有任何隐藏着的事物，意识开始显示出它的全部内容，他所遭受的伤害、他的贪婪、嫉妒、快乐、信仰、意识形态、过去的传统、当前的科学或事实的传统，等等等等——所有这一切便是我们的意识。他观察着自己意识的全部内容，不展开任何思想的运动，因为正是思想创造出了我们的意识的全部内容——正是思想构筑起了它。当思想出现，并且说道："这是对的、这是不应当的、那是应该的"，那么一个人就依然处于意识的领域之中，他并没有超越意识。他必须要非常清楚地了解思想的位置和职能。思想有它自己的位置，在知识的领域里、在技术的领域里。诸如此类，然而思想在人的心理结构里并没有一席之地，无论这种思想是什么。所以，一个人能否观察着自己的意识，而它则会显示出其内容来呢？——不是一点一点地逐渐显露，而是意识的全部运动。只有在这时才有可能去超越意识。

在探寻的过程中，一个人能否在不转动眼睛的情形下去观察呢？因为眼睛对大脑会产生影响。当一个人让眼球保持绝对的静止时，观察就会变得十分清楚，因为大脑是安静的。所以，他能否不展开任何思想的运动去观察呢？因为思想会干扰他的观察。只有当观察者意识到他与自己正在观察的对象是同一事物的时候——即观察者便是所观之物的时候——这才是可能的。愤怒与我并不是不同的——我便是愤怒，我便是嫉妒。在观察者与所观之物之间并无区别，这是一个人必须要了解的基本事实，尔后整个意识便会不费力气地显示出自身来了。在这种彻底的观察里，清除了或者说超越了思想梳理、创造出来的一切事物——即一个人的意识。

随后会有时间的问题——心理上的时间，也就是为达成某个理念、某个思想意识所做的运动。一个人是贪婪的或者暴力的，他对自己说道："我将花时间来克服它、修正它、改变它、摆脱它，或者超越它。"这种时间便是心理上的时间，而不是由手表或者太阳所标示的年代顺序层面的时间。一个受着各种条件限定的心灵说道："我将花时间来达到我所认为的伟大、美和善。"他对这种时间感到质疑，他询问说："是否真的存在着心理上的时间呢？难道这种时间不是由思想发明出来的吗？"

认识到这一点是极为重要的，因为它还动摇了有关明天的理念——心理层面上的明天。假如一个人认识到从心理层面来说并不存在所谓的明天，那么他会如何来处理自己的"真实面目"呢？倘若时间并不存在，暴力该如何终结呢？一个人习惯于把时间当作一种或缓慢或快速地摆脱暴力的手段，但假若时间是不存在的，那么当暴力出现时会发生什么呢？还会有暴力吗？如果一个人完全相信时间是不存在的，那么是否还会有一个残暴的"我"呢？这个残暴的"我"便是时间。可如果时间是不存在的，即"我"是不存在的，于是也就不会有任何事物、不会有任何暴力。

倘若时间不存在，那么就没有所谓的过去或将来，唯有某种截然不同的其他事物存在。一个人是如此受制于时间，他会声称：从心理层面来讲，必须有时间给我去发展，必须有时间给我去变成某种与我的"真实面目"不同的状态。当一个人认识到了该事实的真理，即思想本身便是这种时间的原因，那么过去和未来就都会终结了，仅仅存在此刻的永恒的运动感。假如一个人能够了解到这一点的话，那将会是妙不可言的。因为，爱便是如此。爱处于同一层面、同一时间、同一强度，在这一时刻，这便是爱——不是对它的回忆、不是对未来的希冀。心灵的这种状态便是爱,它是真正彻底地摆脱了时间的限制。尔后让我们审视一下在一个人与他人的关系里会发生什么情形呢?他可以拥有这种非凡的爱的感受,这种爱不属于时间、不属于思想、不是对愉悦或痛苦的记忆。那么这个拥有爱的人与另一个不怀有爱的人之间会是怎样的关系呢?这个人不怀有任何关于他人的形象,因为形象是时间的运动,思想一步一步地建立起了关于他人的形象,这种情形不会再发生了;然而另一个人则逐渐地制造出了关于自我的形象,因为他处在时间的运动之中。一个人怀有这种不受制于时间的非凡的爱的感受,那么他与他人的关系会是怎样的呢?当他拥有了这种爱的非凡特质时,在这种特质里便会有最高的智慧,这种智慧将会在他与他人的关系里展开行动。我们所探究的真是一个绝妙的事物,因为它彻底改变了所有的关系,假如关系中没有这种根本性的转变,那么在我们所建立起来的这个畸形的社会里也就不会出现任何的改变了。

什么是空间?能否存在着一种没有秩序的空间?仅仅举一个外部的物理的例子:当一间屋子里没有秩序、混乱不堪时,会有空间存在吗?当一个人把他的衣服扔得到处都是、所有一切杂乱不堪时,会有空间吗?只有当所有事物都处在各自的正确位置时,当一切都有条不紊时,才会有空间存在。所以,对外部世界而言,没有秩序,便不会有空间。那么现在来看一看内部世界吧:我们的心灵是如此的混乱,我们的整个生命是一种自我矛盾,是一种无序,我们被困于习性、毒品、酗酒、抽烟和性之中。很显然,习性是机械化的,哪儿有习性,哪儿便是混乱无序的。什么是内在的秩序?秩序是某种由思想所指挥的事物吗?思想本身便是一种混乱无序的运动。一个人以为自己能够通过非常审慎的思考、通过意识形态的思考带来社会的有序。社会，无论是西方的还是东方的，都处于混乱无序之中，充满了矛盾，世界已是如此彻底的疯狂。哪里有思想的运动，而这种运动本身便是受时间所围的、支离破碎的、有限的，哪里就必然会有彻底的无序。

是否存在着这样一种行为，它并不是思想运动的结果，它不受由思想制造出来的各种意识形态的限制，它完全摆脱了思想的束缚？假如答案是肯定的，那么这样的行为便将是完整的、全部的、整体性的，而不是破碎的、分裂的、矛盾的。在这样的行为里，不会有任何遗憾，不会有诸如"我希望我没有那么做"或者"我将试图那么做"等感觉。当有思想的运动时，便会出现混乱和无序，因为思想本身就是支离破碎的，所以它的任何行为也必然是破碎的。假如一个人非常清楚地认识到了这一点，那么他便会问道："什么是没有思想的行为？"行动意味着此刻在做，而不是明天去做或者过去已经做了。它和爱一样，不属于时间。爱与慈悲都超越了智识、超越了记忆，它们是一种有所行动的心灵状态，因为爱与慈悲是最高的智慧——智慧在其间展开着行动。哪儿有空间，哪儿便会有秩序，而秩序是一种智慧的行为，它不是你的或我的智慧，它是脱胎于爱和慈悲的智慧。空间意味着一个没有被占据的心灵，然而我们的心灵终日为各种事情所充斥着，所以没有任何空间可言，哪怕是两个想法之间的间隔也不存在，因为每一个想法都与其他的想法相关联，以至于没有任何间隙——整个心灵都被各种看法和判断挤得满满的。

真正的秩序会带来巨大的空间，空间便意味着寂静，而由寂静则会产生这种妙不可言的空的感受。不要被"空"这一词语给吓到了，当有空存在时，事物才能够出现。

什么是美?它是否蕴含在一幅画作中、一间博物馆里,或是一首诗歌里?它是否蕴含在天空下那绵延起伏的山峦里,蕴含在那倒映着朵朵白云的水波里,或是蕴含在某位建筑师赋予一栋建筑的线条里?什么是美呢?当一个人看到了某个鲜活而美丽的事物时,比如一座山峦、清澈的天际,那么在他全身心地欣赏着眼前这番美景的时刻,他便消失不在了,难道不是吗?因为山峦的雄伟、它那非凡的稳固,它那绵延起伏的线条、它的庄严和壮丽,将"我"驱走了——尽管只是暂时的。这外部的壮观驱走了那个微不足道的"我"——就像一个得到了玩具的小男孩,他被这个玩具深深地吸引住了,他将同它玩上一个钟头,直至把它打碎。当你把玩具拿走的时候,他又会回到之前的那个自己,淘气、哭闹、爱搞恶作剧。同样的道理:这座伟岸的高山赶走了微不足道的"我"。当"我"彻底地消失不在时,便会有美出现。尔后一个人同自然的关系就将发生彻底的改变:地球会变得无比珍贵起来,每一棵树、每一片叶子、万事万物都是美的一部分——然而人类却在毁灭这一切。

是否存在着任何神圣的事物呢?很显然,思想以宗教的含义所制造出来的事物——将神圣赋予到某个形象、某种理念中——都不是神圣的。神圣的事物没有任何划分,不是一个人是基督徒,另一个人是印度教教徒、佛教徒、穆斯林或是其他。由思想创造出来的事物是属于时间的,是破碎的、不完整的,因此也就不是神圣的。尽管你对那个十字架上的形象顶礼膜拜,但那并不是神圣的,而只是被思想赋予了神圣性。那些由印度教教徒或佛教徒所制造出来的形象也是如此。那么什么才是神圣的呢?只有当思想发现了它自己,只有当思想处于正确的位置,不做任何努力、不怀有任何意愿的时候,你才会感到一种巨大的寂静。这是一种心灵的寂静,不展开任何思想的运动。只有当心灵处于绝对的自由和寂静之中时,你才会发现那超越了所有的言辞、那不受时间所限的事物。而由这种发现,会产生真正的冥想。

15."无我"之时方有慈悲

没有哪一位精神导师、没有哪一种思想体系能够帮助一个人去认识自我。倘若缺乏对自我的认知，就不会有存在的目的或理由去探明什么是正确的行为，去探明什么是真理。在对自身意识展开研究的过程中，一个人所探寻的是整个人类的意识——而不仅仅是他自己的意识——因为他便是世界，当他观察着自己的意识时，他也是在观察着人类的意识——这不是一件仅仅属于个人的、以自我为中心的事情。

意识中的元素之一便是渴望。思想经由感知、接触和感觉创造出了某个形象，而对这一形象的追求便是渴望去达成、渴望得到满足，随之而来的则会有挫败以及痛苦。那么，能否存在一种不以渴望告终的对感觉的观察呢？仅仅是去观察。这意味着一个人必须要理解思想的本质，因为正是思想让渴望得以持续，正是思想通过对该形象的追求所产生的感觉而制造出了这一形象。思想是储存在大脑里的记忆、经验和知识的反应。思想从来都不是新的，它总是来自过去，因此思想是有限的。尽管它制造出了无数的问题，但它也创造出了非凡的技术世界——它制造出了许多绝妙的事物。然而思想依然是有限的，因为它是过去的产物，所以便会为时间所囿。思想假装构想出了超越自身的、不可测量的永恒之物，它制造出了各种虚假的形象。一个人能否观察渴望的全部运动，但不怀有任何形象以及对这些形象的追逐，因而也就不会在仅仅是去观察渴望的全部运动，仅仅是去觉察到它，想要达至完满的希冀落空之后陷入深深的挫败之中呢？仅仅是去观察渴望的全部运动，仅仅是去觉察到它。

一个人能否从自己是自由的这一幻觉中解放出来、而不是被困在其中呢？当他对自己说"我应该摆脱恐惧"——而这便是渴望在运动——这一幻觉就会出现。在理解了渴望的本质及其运动，理解了它的各种形象和冲突之后，一个人便可以审视着自己内心的恐惧，而不会自欺欺人地说自己在心理上已经摆脱了恐惧的束缚。尔后他就能够去探究恐惧的整个问题，不是恐惧的某种形式，而是深入恐惧的真正根源，这比截取恐惧的各个分枝来加以修剪要简单和快捷得多。通过观察恐惧的整体，他便可以触及它的根部。只有当他观察着各种恐惧形式的整体时，他才能够深入其根源——只是去观察、去察觉，而不要试图对恐惧做些什么。通过观察恐惧这棵大树的全貌及其所有的树枝、所有的特性、所有的分叉，他便可以深入其根部了。

心理上的恐惧，其根源何在？时间难道不是恐惧的根源吗？——明天会发生什么，或者将来会发生什么，如果没有去做某些事情又会发生什么。作为过去的时间，作为现在或将来可能会发生什么的时间，难道不是恐惧的根源吗？

恐惧的根源便是时间的运动，也就是作为测量的思想。一个人能否观察、能否意识到这一运动，而又不去控制它、压制它、逃离它，仅仅是去观察它、意识到它的全部运动呢？他察觉到了作为时间和测量的思想的全部运动——我已经是，我将会是，我希望是——他不做任何选择地察觉到了这一事实，并且与其同在，而不是逃离"真实面目"。"真实面目"便是思想的运动，它说道："我在过去受到过伤害，我希望自己将来不会再受到伤害。"这种思想的过程便是恐惧。哪儿存在着恐惧,哪儿显然就不会有情感、不会有爱。

意识的相当大的一部分便是对愉悦的巨大渴望和追逐。所有的宗教都主张不要去追求愉悦,性的愉悦或者其他种类的愉悦,因为你已经将你的生命交付给了耶稣或者克利须那神。他们倡导压制渴望、压制恐惧、压制任何形式的愉悦。各个宗教都无休无止地谈论着这一问题。而我们的主张则与此相反:不要去压制任何事物,不要去躲避任何事物,不要去对一个人的恐惧展开分析——仅仅是去观察。所有人都困在对愉悦的追求中,当这愉悦没有被给予的时候,便会有憎恨、暴力、愤怒和痛苦。所以一个人必须要认识到全世界的人们对于愉悦的这种强烈追求和巨大渴望。

大脑的职能便是去记录,就像一台计算机记录下各种数据一样。它记录下愉悦,思想提供了追逐愉悦的能量和动力。一个人昨天有过各种愉悦,它们都被记录在了大脑中。尔后思想主张说应该要有更多,于是它便去追逐更多,而这些更多就变成了愉悦。人们渴望愉悦能够持续下去,而思想则为这种渴望提供了活力和动力,这便是愉悦的活动。那么,有可能只记录下那些绝对必需的内容而不去记录其他吗?我们一直都在记录着如此之多不必要的事情,并且建立起了自我、"我"——我受伤了;我没有成为应当的样子;我必须变成应当的样子,诸如此类。这种记录便是一种使自我变得无比重要的行为。那么我们要询问的是:有可能只记录下那些绝对必需的事情吗?什么是绝对必需的呢?——不是心智所建构起来的一切,那些只是记忆而已。

什么是必须要记录的,什么又是不必要的呢?大脑时时刻刻都在忙于记录,所以完全没有一丝宁静可言。但如果你的心灵清楚地知道什么该记录、什么不该记录,那么大脑便会宁静许多——而这就是冥想的一部分。

一个人在心理上所记录的事情是否是必需的呢?你在心理上保存的任何事物都不是必需的。大脑通过保有这些事物,通过记录这些事物,通过坚持这些事物而获得了某种安全,然而这种安全仅仅是一个累积了所有心理的伤害与烙印的"我"。因此我们主张说:在心理上记录下一切事物并且保存着它们,这是根本不必要的——一个人的信仰、教条、经历、愿望和渴求,它们全都不是必需的。那么,什么才是必需的呢?食物、衣服、栖息之所——除此以外没有任何其他的必需之物了。在你的内心认识到这一点是极为重要的,这意味着说大脑不再累积有关"我"的各种元素。大脑处于休息状态,它需要大量的宁静,然而它却始终在"我"里面寻求着宁静和安全,而"我"只是所有过去的记录的累积,也就是记忆的累积,因此是毫无价值的——这就好像在收集着许多骨灰,然后给予这些没有价值的灰烬以高度的重视一样。

只记录下那些绝对必需的事物。假如一个人能够对这一问题展开探究并做到只记录下必需内容的话,那将是一件非凡的事情,因为尔后会有真正的自由——摆脱了所有累积的知识、传统、迷信和经验,因为正是这一切建立起了一个"我"所依附的庞大结构。当"我"消失不在时,慈悲便会出现,继而带来澄明。有了澄明,便会有技巧。

哪儿有不必要的记录,哪儿就不可能有爱存在。假如一个人想要理解慈悲的本质,那么他就必须要去探究什么是爱这一问题,必须要去探究是否存在着一种没有任何形式的依附、愉悦和恐惧的爱?

16. 观察者与所观之物之间的划分便是冲突的根源

有两种学习的模式：一种是，记下所教授的内容，尔后通过记忆来观察——这便是我们大多数人所称的学习——另一种则是，透过观察来学习，而不是将其作为记忆来储存。换种方式来说明一下：一种是记住某个事情，如此一来它就作为知识储存在了大脑里，然后根据这一知识展开或娴熟或笨拙的行动。当一个人上小学、念中学、读大学时，他储存了大量作为知识的信息，并且依照这些知识来展开对自己或者社会有利的行动，然而他无法简单而直接地行动。另一种学习则是——一个人对这种学习方式并不太习惯，因为他是习性、传统和顺从的奴隶——去观察、去审视事物，但并不带着此前的知识，就仿佛初次见到该事物一样。假如一个人以崭新的眼光来观察事物的话，就不会有记忆的培养。这不同于他去观察，然后通过这一观察储存起记忆，如此一来，当他下一次观察时，便是通过那一记忆的模式来察看，因而也就无法做到重新观察了。

重要的是要有一颗不会始终忙碌不堪、始终喧嚣吵闹的心灵。只有一个不被各种事物所占据的心灵，才能够让一粒学习的新种子萌芽——这颗学习的种子，与知识的培养以及依照这一知识来行动是截然不同的。

观察那浩瀚的蓝天，观察那雄伟的山峰、葱郁的树木，观察那从树叶间筛落下来的点点阳光。假如这种观察被储存为记忆，便会妨碍下一次崭新的观察。当一个人观察着自己的妻子或朋友时，他能否仅仅是去观察，而不受记忆的干扰——不受对先前在这一关系里所发生之事的记忆的干扰？假如他在观察或审视他人的时候可以不受此前的知识所干扰，那么他便会大有收获。

最重要的是要去观察，仅仅是观察，不要在观察者与所观之物之间进行划分。大多数情况下，观察者与所观之物之间都会存在划分，观察者是作为记忆的过去经验的总和——因此便是过去在观察。观察者与所观之物之间的划分就是冲突的根源。

人的一生中有可能没有冲突存在吗？我们通常会接受必须要有冲突存在，必须要有永无休止的争斗，不仅是为了生存所展开的生理上的争斗，还包括由渴望和恐惧所带来的心理上的争斗、喜欢或不喜欢，诸如此类。所谓没有冲突地生活，指的是过一种没有任何努力的生活，一种和平、宁静的生活。无数个世纪以来，人类所过的都是一种充满了斗争与冲突的生活，不仅是外部世界的斗争，还包括内心的斗争。永远都处于斗争状态，想要去获得，同时又恐惧失败和倒退。一个人或许可以不停地谈论安宁，然而只要他受传统和习性所限而去对冲突抱以接受的态度，那么就不会有安宁存在。如果他声称安宁地生活是有可能的，那么这就仅仅是一种想法，因而便是毫无价值的。假若他说安宁地生活是不可能的，他就会阻碍任何探究。

首先应当去探究心理上的冲突，因为它比生理上的冲突更为重要。假如一个人非常深刻地理解了心理冲突的本质及结构，并且将其终结，那么他便或许能够应对生理上的冲突。但如果他仅仅关心身体上的、生理上的冲突，只关心生存问题，他就无法彻底解决生理以及心理的冲突问题。

为什么会存在这种心理上的冲突呢?从古至今,无论是社会层面还是宗教层面,均存在着善与恶的划分。这种划分真的存在吗——又或者只有"真实面目"存在,并无其对立面呢?假设存在着愤怒,那么这便是一个事实,这便是"真实面目"。然而"我将不会愤怒"却只是一种想法,而非事实。

一个人从来不曾对这种划分予以质疑,他之所以接受,是因为习性让他变得十分传统和保守,从而排拒任何新的事物。更为深刻的原因则是观察者与所观之物之间存在着划分。当一个人看着一座山时,他将其当作一个被观察的对象来察看,称它为一座"山"。这一词语并不是该事物,词语"山"不是那一事物。然而对他来说,这个词语非常重要,在他看的时候,会有立即的反应:"这是一座山。"那么,他能否看着这一叫作"山"的事物,但头脑里并不去想任何与之相关的词语呢?因为词语是一种进行区分的因素。当他说"我的妻子"时,"我的"这一词语便制造出了区分。词语、名称都是思想的一部分。当一个人看着某个男人或女人、看着一座山峦或一株树木时,当思想、名称都记忆出现时,便会产生区分。

一个人能否在没有观察者的情形之下去观察呢?因为观察者的实质便是所有来自过去的记忆、经验和反应。假如他看着某个事物,不去想任何与之相关的词语,不怀有过去的记忆,那么他就是在没有观察者的情形之下展开观察。当他这么做的时候,就只有所观之物,不会有区分,不会有心理上的冲突。一个人能否看着自己的妻子或最为亲密的朋友,而不去怀有任何名称、词语以及他在这一关系里所累积起来的全部经验呢?假如他能够做到这样,那么当他看着对方的时候,就会犹如初次见到她或他一样。

有可能过一种彻底摆脱了所有心理冲突的生活吗?一个人察觉到了某个事实,只要在那制造形象的观察者与该事实——不是形象,仅仅是事实——之间存在着区分,就必然会有无休无止的冲突和斗争,这是一条法则。而这种冲突是能够被终结的。

当心理上的冲突结束时——这种冲突是痛苦的一部分——该如何将其运用于一个人的谋生之道,该如何将其运用于他与其他人的关系中去呢?如何将这种心理斗争及其所有的冲突、痛苦、焦虑和恐惧的终结,运用于一个人的日常生活呢?诸如他每日去办公室上班,诸如此类?假如一个人结束了心理的冲突是一个事实,那么他会怎样过一种没有外部冲突的生活呢?当内心世界没有了冲突时,外部世界的纷争也就不复存在了,因为内部和外部之间并无区分。这就犹如大海的潮起潮落一样,这是一个绝对的、不能取消的事实,没有人能够触碰它,它是不容侵犯的。所以,倘若已是这种情形,那么他该怎样谋生呢?因为冲突没有了,所以也就不存在野心。由于没有了任何冲突和斗争,于是也就没有了想要变成怎样的渴望。内心有了某种绝对的、不容侵犯的事物,它无法被触碰,无法被破坏,所以一个人在心理上就不会去依赖他人,因此也就不会有遵从、不会有模仿。没有了所有这些,他便不再受限于金钱世界里的成败与否,不再为地位、名誉所困。所谓地位、名望,意味着拒绝承认"真实面目",而去接受"应有面目"。

由于一个人拒绝"真实面目"而去制造出了"应有面目"这一理想,于是便会有冲突和斗争。然而观察"真实面目",意味着他不去怀揣任何的对立物,仅仅抱持"真实面目"。假如当你观察暴力的时候去使用"暴力"这一词语，那么冲突便已经存在了。因为这一词语本身已经是受约束的：有些人认同暴力，有些人则不然。整个有关非暴力的哲学也是被限定的，无论是在政治层面还是在宗教层面。存在着暴力以及它的对立面，即非暴力。这一对立物之所以存在，是因为你知道暴力，所以对立物的根源就存在于暴力之中。一个人以为，通过怀有某个对立物、通过某种非凡的方法或手段便可以摆脱掉"真实面目"。

那么，一个人能否抛开对立物，仅仅是去观察暴力、观察这一事实呢？非暴力并不是一个事实，非暴力只是一种想法、一个概念、一个结论。事实则是暴力——一个人心生怒火，他憎恨某人，他想要去伤害别人，他心怀妒忌，所有这些都代表着暴力，这便是事实。那么，他能否观察这一事实而不去引入其对立物呢？只有在这时他才能够拥有能量——这种能量被浪费在了试图获得对立物上——去观察"真实面目"。而在这种观察里是不存在任何冲突的。

所以，当一个人已经认识到了这一基于暴力、冲突和斗争的极为复杂的存在时，当他真正摆脱了这一切时——不是理论上的摆脱，而是真正地摆脱，也就是说不存在任何冲突——他会做些什么呢？假如他在心理上彻底地摆脱了冲突的束缚，他是否会问这个问题呢？很显然不会。只有处于冲突之中的人才会说：

"如果没有了冲突，我就会走向终点，我就会被社会毁灭，因为社会便是建立在冲突和斗争的基础之上的。"

假如一个人察觉到了自己的意识，那么他就会发现自己的意识处于完全的无序之中。它是矛盾的，说的是一件事情，做的则是另一件事情，总是渴望拥有更多。它的全部运动都是在一个被限定的、没有空间的领域之内，而在这方狭小的天地里，只会有混乱与无序。

一个人与他的意识是不同的吗？抑或他便是这一意识呢？实际上，他即意识。尔后他是否会察觉到自己处于完全无序的状态呢？很显然，这一无序最终会导致心智的病态——现代社会里的所有专家，诸如心理分析学者、精神治疗医师就是由此而生的。然而一个人的内心究竟是处于有序的，还是无序的状态呢？他能否观察这一事实呢？当他不做选择地观察时——也就是说没有任何的歪曲——会发生什么呢？哪儿有无序，哪儿就必然会有冲突；哪儿有绝对的秩序，哪儿就不会有冲突。存在着一种绝对的秩序，而不是相对的秩序。只有当一个人领悟到他即意识时，只有当他察觉到了内心的困惑、混乱与矛盾时，只有当他不做任何歪曲地去观察内部和外部世界时，这种绝对的、不可废止的秩序方会出现。

17. 当意识及其内容终结之时，便会有迥异之物出现

所谓整体性地观察，指的是去观察——或者聆听——某个事物的全部内容。通常，我们只是根据自己的喜好、背景或者某种观点来局部性地看待事物，我们对事物的察看总是不完整的。政治家大多只关心政治问题，经济学者、科学家、商人，每一个人都有自己所关注的那个方面。我们似乎从来不曾观察生命的全部运动——就像一条水量充足的河流，河水从始至终奔流不息，它或许会被污染，但如果给予它充分的空间，它便能够荡涤自身的污垢。所以，同样的道理，我们可以将生命当作一个整体来对待，认识到它从始至终运动不息，没有任何破碎、没有任何背离，没有任何虚幻。我们应当了解心灵是如何制造出了妄自尊大这一幻觉，如何制造出了其他各种形式的假象，让你误以为自己是舒适和安全的——至少暂时是如此。我们带着某种预先怀有的观念或信仰来看待事物，如此一来我们就永远无法真正地去察看它。

之所以会有幻觉，是因为我们在渴望中寻求满足。满足与狂喜是截然不同的。狂喜是一种存在状态，它处于自我以外，狂喜中不存在经验。有经验存在的时刻便会有自我及其过去的记忆和回想，而这会制造出幻觉。狂喜永远不会制造出幻觉，你无法保持狂喜，因为它位于自我之外。而满足则不同，正是对满足的渴望才制造出了幻觉。

我们大多数人都被困在某种幻觉之中——权力的幻觉、地位的幻觉、

等等，而这所有的幻觉全都是由"我"这一中心投射出来的。幻觉意味着通过一个确定的结论、偏见或观念来感觉性地看待事物。

一个被困在幻觉之中的心灵是无法拥有秩序的。秩序只能整体性地出现。我们需要秩序，即使是一个狭小的房间，你也应将所有的东西都放置在其正确的位置上，否则屋子里就会乱成一团、丑陋不堪。我们以为心理上的秩序遵循着我们在过去建立起来的某种模式或常规。从心理层面来说，秩序是某种截然不同的事物，只有当你的内心处于清晰、澄明的状态时，它才会出现。澄明带来了秩序，而不是相反；试图去寻求秩序，只会变得机械化，去遵从某种模式，而在这种模式中是不可能会有澄明存在的。

秩序意味着日常生活的和谐。和谐不是一种理念。我们被困在理念的监狱里，在这座监狱中并无和谐可言。和谐与澄明意味着整体性地看待事物，把生命当作一种整体的运动来观察——而不是说，我在办公室里是个商人，在家里则是另外一个人；也不是说，我是名艺术家，所以可以做最荒唐、古怪的事情；更不是把生命分裂或者打碎成许多个部分，分裂成精英分子和普通大众、体力劳动者和脑力劳动者、理性与感性，而这便是我们通常的生活方式。把生命当作一个完整的运动来对待是极为重要的，这种运动里包含了一切，没有任何分裂，没有诸如善与恶、天堂与地狱的划分。把事物当作一个整体来察看，如此一来，当你观察你的朋友或配偶时，你便可以看到你与对方的关系的全貌，而非局部。

我们以为自由便是摆脱某种事物——摆脱悲伤、摆脱焦虑、摆脱辛劳的工作——实际上这种摆脱只是一种反应，因此根本就不是自由。当某个人声称"我摆脱了吸烟的习惯"，那么这只是一种对已经发生的状态所做的反应和逃离。但我们所谈论的自由，并不是指摆脱某事物，而是指整体性地观察事物。

在整体性的观察中，没有任何破碎，也没有任何方向，因为，当有某个方向存在时，便会有歪曲。只有当存在着彻底的自由时，你才能够整体性地观察。而在这种观察里不会有满足，因此也就不会有幻觉。

所以，把生命当作一个完整的运动来察看，当作一种没有任何破碎、持续流动着的存在来察看——这里所说的"持续"并不是在时间的层面上来讲的。"持续"一词通常指的是时间，然而存在着一种不属于时间的持续。我们以为过去与未来的关系便是一种没有中断的持续性的存在，这便是我们通常对"持续"一词所做的理解，即从时间的层面上来进行的理解。时间是运动，一种经由日、月、年所覆盖的时间的跨度，并且伴随着最终想要达至的某个理想。时间意味着思想，思想是一种测量的运动，一种时间的运动。然而，是否存在着这样一种持续性——假如我们能够使用这一词语的话，该词语或许并不是十分准确——是否存在着这样一种持续性：它是不是一系列过去事件的因变成了如今的果，而这一结果又会成为将来的因？是否有这样一种存在状态，在这一状态里一切事物都终结了呢？

我们认为生命是一种在时间里被测量的运动，一种以死亡而告终的运动，而这便是我们所说的持续。然而一个人观察着某种不属于时间的运动，这种运动，不是对过去事物的回忆经历着现在并修正着未来，如此持续下去。存在着这样一种心灵的状态：此时心灵对所发生的一切都抱持漠然的态度；发生的一切出现了，又流走了——没有保留下来，而是流走。这种心灵的状态拥有其自身的美以及一种不属于时间的"持续性"。

从古至今,各种宗教都曾试图去探明是否存在着某种超越了死亡的事物。古埃及人认为生命是死亡的一部分,因此当你死去的时候,你会让你的奴隶、你的牛羊去殉葬;认为你死后会去到另一个世界,在那里你会跟今生一样地生活,这便是一种持续性。古代印度人主张生命必然拥有一种持续性,因为,假如生命仅仅是以死亡告终的话,那么修身养性、生命里拥有如此多的经历、遭受如此多的苦难又有何意义呢?所以,他们认为必然存在着一个来世。基督徒们则怀有一种不同的完满,比如复活,诸如此类。然而,我们想要去发现关于该问题的真相,不是你所认为的真相,不是那些专家、牧师、心理学家所认为的真相。在美国和欧洲的报刊上出现过一些文章,证实说某些人有过濒死经历,尔后他们又活了过来,他们记得自己所体验的那种奇妙的"死后"状态,比如看到了白光,看到了美丽的事物——无论是什么。有人质疑他们是否真的死亡过,因为假如一个人真的死去了,这就表示氧气不会再输送进大脑,几分钟以后大脑就会衰亡;当出现真正的死亡时,不会有所谓的死而复生,因此也就不会记得死后所发生的事情。死亡或许是一种极为非凡的体验,它要比所谓的爱伟大得多,要比任何渴望、任何理念、任何结论伟大得多。它或许是万事万物的终结,各种关系的结束,所有的回想、记忆和累积的结束。它或许是一种完全的消亡,一切事物的彻底终结。所以一个人必须要探明关于死亡的真理。

想要发现真理,就必须得停止各种认同,必须得终结所有的恐惧、所有对于慰藉的渴望。一个人不应该困在如下的幻觉中,该幻觉声称:"是的,死后会有一种非凡的状态。"心灵应当不去依附于任何名称、形式、人、理念或结论。这是否是可能的呢?这并不是在否定爱,相反,当一个人依附于另一个人的时候是不会有爱存在的，有的只是依赖，有的只是对于一个人孤零零地活在世上的恐惧，因为世界上的一切事物都是这般的不安全，无论是内心的还是外部世界的，均是如此。要探明有关死亡的真理，探明这一必然会发生的非凡之物的真正涵义及其深刻性，就必须要有自由。当有依附存在时，当有恐惧存在时，当有对于慰藉的渴望时，就不可能会有自由。一个人能否将这所有的一切都抛到一边呢？要发现这一被称为死亡的非凡之物的真理，一个人就必须要去探明死亡以前的真相，而不是死后的真相。死亡之前的真相是什么？如果这一点不清楚的话，那么死后的真相也就不可能清楚。一个人应该非常近距离地、仔细地、自由地去察看死亡之前的事物，也就是被我们所称的生命。有关一个人生命的真相是什么？——此真相意味着他是什么，或者他是谁——他所称的生命是什么？一个人的心灵往往负重累累，被困在各种限制之中，之所以会如此，是因为他所受的教育、所处的环境和文化，是因为宗教派别、信仰、教条和仪式，是因为"我的国家""你的国家"，是因为永无休止的争斗。对幸福的渴望、不快、沮丧、兴高采烈、焦虑、不确定、憎恨、嫉妒、对愉悦的追求、害怕独自一人、对孤独的恐惧、年迈、疾病——这一切便是我们日常生活的真相。一个没有使生命拥有秩序的心灵——这里所说的秩序，指的是经由澄明和慈悲而来的秩序——一个如此支离破碎、混乱无序、惊恐不安的心灵，能否探明关于死亡的真理呢？

所以什么是关于死亡的真理呢？——所谓死亡，也就是一种彻底的终结。一个人习惯于认为或许存在着消亡，但又或者还有其他某种事物。然而这只是一种会制造出歪曲和幻觉的希望，因此他必须要抛开这种希望。

只有当一切都终结的时候——终结你所拥有的一切，终结各种依附，不是仅仅终结一天，而是彻底地结束——你才能够探明死亡的真理。这便是死亡的含义——结束，彻底的结束。在彻底结束之时，某种崭新的事物便会诞生。

恐惧是一个负担、一个可怕的负担，当一个人彻底移除了这一负担时，便会出现某种崭新的事物。然而他却害怕结束——无论是在自己生命的终点去结束，还是现在便结束。终结你的自大，因为，倘若没有结束便不会有开始。我们被困在这种永无终止的持续性之中。当出现完全的、彻底的结束时，便会有某种全新的事物出现，这是一个你无法想象的事物，因为它处于一个截然不同的维度。

要探明有关死亡的真理，就必须得终结一个人的意识内容。尔后他永远不会去询问："我是谁？"或者"我是什么？"一个人就是他自己的意识及其内容。当意识及其内容终结的时候，便会有某种并非想象而来的迥异之物出现。人类在自己的行动中寻求着不朽：一位作家写一部书，此作品令他不朽；一位伟大的画家创作了一幅画作，这幅画使其不朽。所有这一切都必须要结束——然而没有哪位艺术家愿意这么做。

每个人都代表着全人类，所以，当他的意识发生了这种变化时，他就带来了全体人类的意识的变化。而死亡便是这种意识的终结。

18. 倘若没有澄明，技能就会变成一种最为危险的事物

当一个人发展起了某项技能的时候，这会给予他某种康乐和安全的感觉。而这项源于知识的技能，必然始终处于运动之中，并且逐渐地变得机械化了。一个人总是寻求着行动中的技能，因为这会让他在社会上拥有地位和名望。伴随着所有的经济需求，知识和技能不仅成为一种附加品，而且始终是一种重复性的机械化的行为，而这种机械性的过程逐渐地积累着它自己的自大和力量。在这种力量中，一个人会感到安全。

当前的社会要求越来越多的技能——无论你是一名工程师、技术专家、还是科学家、精神治疗医师，等等——但是都存在着一种巨大的危险，不是吗？——寻求所有这些源于知识累积的技能，难道不是一种危险吗因为在这种增长里没有澄明存在。当技能成为生活中最重要的事物时，不仅因为它是谋生的手段，而且还因为一个人所受的教育是以培养技能为目的的——我们所有的中小学、学院、大学全都是以此目的为方向的——那么技能就会使一个人认为自己拥有某种力量，于是变得自大起来，以为自己是多么的重要。

学习的艺术，不仅在于去积累技能活动所必需的知识，而且还在于学习不去累积。存在着两种学习方式：一种是通过经验、书本和教育来获得与积累运用于技能活动的大量知识；另一种方式则是不去进行累积，除了记录下绝对必需的内容以外不再记录其他。在第一种学习方式中，

大脑记录和累积着知识，将其储存起来，然后依照所储存的知识来展开或熟练或笨拙的行动。而在第二种学习方式里，一个人完全认识到自己只应该记录下那些绝对必需的事情，于是心灵便不会被所累积的各种知识挤得满满的，不会完全听任于这些知识的摆布。

在这种学习的艺术中，通过仅仅记录下技能活动所必需的事物来积累知识，不去记录任何心理的反应。大脑把知识运用在技能所必需的地方，大脑是自由的，不会在心理的领域中做任何记录。要完全认识到自己只应记录下那些绝对必需的事情是极为困难的。某个人侮辱你，某个人奉承你，某个人把你叫作这个或那个——但你却不去记录下这些，于是你的心灵便走入一片广阔的澄明之境。只记录下绝对必需的，而不去记录那些不必要的内容，如此一来就不会有"我"这一心理的建构、不会有"自我"这一结构。只有当大脑记录下了所有不必需的事情时，也就是说，看重自己的名誉、经历、意见和结论，所有这些都使自我得到了强化——而这显然是一种扭曲——那么这种自我的结构才会出现。

学习的艺术带来了心灵的澄明，假如行为里只有技能而无澄明，那就会滋生出妄自尊大，无论这种自大是与自己相认同，还是与某个群体或国家相认同。自大拒绝澄明。倘若没有澄明，那么也就不可能会有慈悲，因为若没有慈悲，技能就会变得极为重要起来。倘若没有澄明，那么也就无法唤醒智慧，这种智慧不是你的智慧或我的智慧，而是智慧本身。这种智慧有其自身的活动，这种活动不是机械化的，于是也就没有了原因。

正如在观察和聆听的艺术中那样，在学习的艺术里也没有任何思想的运动。思想对于积累知识以便展开熟练的活动来说是必要的，否则它就没有任何作用了。没有任何思想的运动,心灵就会变得澄明。在这种澄明中,一个人的行为没有任何中心,没有任何由思想制造出来的中心,比如"我""我的"。因为,哪儿有中心,哪儿就必然会有周围;哪儿有周围,哪儿就会有抵制,就会有划分,而这便是恐惧的一个基本原因。倘若没有澄明,技能就会变成生活中最具破坏性的事物——这便是世界上正在发生的情形。人类能够登陆月球,将自己国家的国旗插在月球上面,然而这并不是源于澄明;他们能够通过战争互相残杀,无论是登月还是相互残杀,全都是技术高度发展的产物,全都来自思想的运动,但这并不是澄明。思想永远无法认知那完整的、不可测量的、永恒的事物。

19. 一个人怎样才能认识自我？

当有彻底的专注时，思想便停止了；当没有了专注时，思想便出现了。思想的这一本质究竟是什么呢？一个人必须要知道应当去察觉什么，否则他就无法彻底认识专注的全部含义。

究竟是存在着"觉知"这一概念，还是说一个人有所觉知了呢？这是有区别的。前者意味着怀有关于察觉的概念，后者则意味着正在察觉。"觉知"意味着对自己周围的事物，对大自然、对人们、对色彩、对树木、对环境、对社会结构、对所有这一切拥有感知力。既要察觉到外部世界所发生的一切，也要意识到内心世界正在上演的情形。觉知便是要感知到、认识到、观察到内心世界以及外部世界中所发生的一切，经济、环境以及社会领域中所发生的一切。假如一个人没有察觉到外部世界所发生的情形就开始去体察内心，他就会变得极为神经质。但如果他开始尽可能多地去察觉世界上所发生的一切，然后再转向对内心的体察，那么他就会拥有一种平衡，尔后他便有可能不去欺骗自己了。一个人以对外部世界的察觉作为开始，之后再转向对内心世界的体察——就像潮起潮落一样，始终在不断运动着——如此一来就不会有任何欺骗存在了。倘若他知道了外部世界所发生的事情，接着转向内心世界，那么他就有了察看的标准。

一个人该如何认识自我呢？自我是一个非常复杂的结构，是一种非常复杂的运动。一个人该怎样去认识自我，以便不会去欺骗自己呢？他只能够在自己与他人的关系中去认识自我。在自己与他人的关系里，他或许会采取撤退的姿态，因为他不希望被伤害。在关系里，他或许可以发现自己是如此的善妒、依赖、依附、真正是铁石心肠。所以关系充当了一面镜子，他在这面镜子中照见了自己的模样，认识了自我的本质。外部世界也是同样的，外部世界其实就是自我的投射，因为社会、政府、所有这些事物，全都是由人类创造出来的。

要探明什么是觉知，一个人就必须得研究有关秩序和无序的问题。他观察着外部世界，发现存在着巨大的无序、混乱和不确定。是什么导致了这种不确定、这种无序的呢？该由谁来负起责任？是我们吗？应当清楚地查明我们是否应该为外部世界的无序负责，抑或这只是一种会诞生出秩序的无序呢？所以，假如一个人觉得要为这种外部世界的无序负上责任，那么这种外部的无序难道不正反映出了他自己内心的无序吗？

你会发觉，外部世界的无序是由我们自己内心的无序所造成的。只要人类自身没有秩序，那么外部世界便会处于无序之中。政府或许可以努力去控制这种外部世界的无序状态，极端的形式便是马克思主义的极权主义——声称它知道什么是秩序，而你则不知道，于是它将要告诉你何为秩序，并且对你进行压制，或者干脆把你关进集中营或精神病院。

世界处于无序之中，因为我们自己便是无序的，我们每一个人都是如此。一个人是察觉到了自身的无序，还是只怀有一个关于无序的概念呢？他察觉到了自己处于无序之中，还是这仅仅是一个被提出来让其去接受的概念呢？接受某个概念，实际上是对"真实面目"的一种逃离——一个人通常活在概念之中而远离了事实情形。他是接受了某个关于无序的概念，还是察觉到自身便处于无序的状态呢？他是否明白这二者之间的不同呢？他是否凭借自己的力量察觉到了这一本质呢？

一个人所说的无序指的是什么？这里存在着一个矛盾：他想的是一件事，做的却是另一件事。他的内心有彼此对立的渴望、要求和运动——这种二元性便是矛盾。那么这种二元性是如何产生的呢？难道不就是因为他没有能够去认识"真实面目"吗？他宁愿从"真实面目"逃到"应有面目"，希望通过某个奇迹、通过意志的努力去把"真实面目"变成"应有面目"。这也就是说，一个人是愤怒的，而他"不应当"愤怒。如果他知道该如何应对愤怒，如何超越愤怒，那么"应有面目"即"不去愤怒"也就没有任何的必要了。如果他能够知道如何去应对"真实面目"，他就不会逃向"应有面目"。正是由于他不知道该怎样应对"真实面目"，因此他就希望去发明某个理想的范式，然后借由这一理想范式去改变"真实面目"。抑或，由于他不知道该怎么做才好，于是他的脑子就被限定着永远活在将来——"他希望成为的样子"。从本质上来讲，他实际上是活在过去，但他希望借由某个理想范式而活在将来，并且去改变现在。假如他能够懂得如何应对"真实面目"，那么将来就是无关紧要的了。这不是一个去接受"真实面目"的问题，而是指要与"真实面目"同在。

假如一个人察看着"真实面目"，不去逃离它——不去试图将它改变成为其他某个事物，那么他就能够有所探明了。他能否观察、审视"真实面目"并与其同在呢？我想要去察看我的"真实面目"，然后我认识到我是贪婪的。贪婪是一种感觉，我观察着这一被叫作贪婪的感觉。"贪婪"一词并不是贪婪本身，然而我却把词语误当作了事物本身。我可能被困在词语之中，而没有同这个事实为伴——即我是贪婪的这一事实。这是非常复杂的，词语可以刺激起相关的感觉。心灵能否摆脱该词语的束缚而去察看我是贪婪的这一事实呢?词语在我的生活里已经变得如此重要了。我是否沦为了词语的奴隶呢?——要知道词语并不是事物本身。是否词语已变得如此重要,以至于对我来说事实不是真实存在的呢?我宁可去看一幅山的图画,而不是去察看这座山本身,去察看一座我必须要走上很长一段路去攀爬的山,去观察它,去感受它。看着一幅绘有山的图画,便是看着一个符号,它并不是真实存在的。我是否困在了词语,也就是符号之中,因此远离了真实呢?是词语制造出了贪婪的感觉吗?——抑或贪婪是独立于词语之外的呢?这需要自制,而非压制。对这一叩问的寻求,有其自身的规范。所以我必须要非常仔细地去探明,究竟是词语制造出了感觉,还是感觉存在于词语之外。该词语便是贪婪,当我有了贪婪的感觉时,我便对其加以命名,因此我经由过去某个类似的事件记录下了现在的感受,所以现在被吸收进了过去之中。所以我意识到了我正在做什么,我认识到词语对我而言已变得格外重要。那么,是否能够从诸如贪婪、嫉妒、国家主义、共产主义者、社会主义者等词语中解放出来呢?词语是属于过去的,此刻的感受是通过某个来自于过去的词语而被认识到的,所以我永远都活在过去。过去便是我,过去便是时间,因此时间即我。这个"我"说道:"我不应该愤怒,因为我所受的各种条件背景已经说过:不要贪婪、不要发火。"过去告诉现在应当做什么,于是便会有矛盾存在,因为从根本上来说,过去正对现在发号施令,告诉它应当做些什么。而"我",也就是过去,带着自身所有的记忆、经历和知识,"我"——这一由思想创造出来的事物,正在指示着应当发生什么。

那么,我能否抛开过去来观察贪婪这一事实呢?能否对贪婪进行观察,不加以命名、不被困在这一词语之中,能否认识到词语能够制造出感受,认识到假如是词语制造出了这一感觉,那么词语便是"我",它是属于过去的,它正告诉我"不要贪婪"呢?有可能将这个"我",也就是观察者抛到一旁而去察看"真实面目"吗?我能否去观察贪婪这一感觉,而将观察者、也就是过去抛到一边吗?

只有当"我"消失不在时,才可能去认识"真实面目"。一个人能否观察自己周围的色彩和形态呢?他怎样去观察它们呢?

他通过眼睛来观察。去观察,但不要移动眼球,因为,假如你移动了眼球,那么大脑的整个思想运作便会开始。在大脑处于运作的时刻,就会存在着歪曲。观察某个事物,不要移动你的眼球,于是大脑就会变得分外的寂静。不仅要用眼睛去观察,还要满怀情感并且怀抱十分审慎的态度去观察。于是你便会观察到事实,而不是观念。带着情感和审慎观察到事实,带着情感和审慎去接近"真实面目",于是不会再有评判、不会再有谴责,因此你便获得了彻底的自由。

第三部分
两篇对话

克里希那穆提在奥加同一群来自克里希那穆提学校以及加拿大、英国、印度和美国的基金会的人们所展开的谈话。

对话 1　教诲与实相的关系

提问者（1）：我们能否讨论一下克里希那穆提的教诲与实相之间是何关系？

提问者（2）：是否有教诲这一事物呢？抑或只有实相存在呢？

克里希那穆提：它是对实相的表达吗？其中包含如下两种情形：他所说的，或者是源自实相的寂静，或者是源自被他误当成真实的幻觉的喧嚣。

提问者：这便是大多数人所做的。

克：所以哪一个才是他在做的呢？

提问者：话语和真实之间可能存在着某种混淆。

克：不，话语并不等于真实。这便是为什么我们会说：他的话，或者是源自实相的寂静，或者是源自幻觉的噪音。

提问者：然而由于一个人感觉他的话是出自实相的寂静，所以话语被当作真实的可能性极大。

克：不，让我们把探究的步子放缓一点儿，因为这是一个极为有趣的问题。谁来进行评判？谁来发现事物的真相？是听众、读者吗？你了解印度文献和佛教经典，你阅读过《奥义书》——你熟悉它们，你知道所有这些作品的大部分内容。那么你有能力来进行评判吗？我们将如何去探明呢？你听见他谈论着这些事情，你想知道他所说的究竟是来自实相那非凡的寂静，还是源于一种自受限的孩提时代开始便会做出的反应呢？这也就是说，他是基于自己所受的各种条件限定在说话呢，还是基于其他的事物在发表言论呢？你将如何去探明？你将怎样去解决这一问题？

提问者：我有可能去探明是否是我内心的噪音在迎接着这些教诲？

克：这就是我为什么要去询问你的缘故。当你说"是的，正是如此"或者"我不知道"时，你是依凭什么标准在做衡量呢？你想知道他所说的究竟是源自实相的寂静，还是源自他所受的各种条件限定。然而由于你尚不知道答案，所以你应当做的，便是去听一听他到底在说些什么，尔后再去探明他是否道出了事实的真相。

提问者：然而如何才能探明他是否道出了事实的真相呢？

克：比方说一个人对事物具有相当的觉知，他聆听着这个人所发表的言论，他想要去探明对方所说的究竟只是单纯的话语还是事实的真相。

提问者：当我获得了有关事实的结论时，那么我就没有在聆听。

克：不，我不知道。我一生都在关注着这一问题——不是仅仅去关心几天或数年。我想知道有关这一问题的真理。他所说的，究竟是基于经验或知识，还是并不基于这些事物呢？大多数人所说的都是基于知识，这也正是我们询问该问题的原因。

我不知道你该如何去探明。我会告诉你我将怎么做，我将会把他的人格个性、他的影响、把所有这些都彻底地抛到一旁。因为我不希望被影响，我心存怀疑，所以我极为小心。我聆听着他所说的话，我不会说"我知道"或者"我不知道"，但是我存有疑问，我想要去探明。

提问者：心存怀疑，意味着你倾向于质疑它，这已经是一种偏见……

克：哦，不！心存怀疑，指的是我不会盲目地去接受他正在说的一切。

提问者：但是你倾向于质疑，这便是否定和拒绝。

克：哦，不，我宁可使用"质疑"一词，它的含义是提出疑问。让我们就这么来理解好吗？我问自己："我的质疑是出于我的偏见吗？"这是一个我之前从来没有问过自己的问题，我正在展开探寻。我将把一切都抛到一边——个人的名望、魅力、外表、这个或那个——我不打算去接受或者拒绝，我只会去聆听，尔后予以探明。我抱有偏见吗？我是带着我所积累的全部知识，有关宗教的知识、书本上所传递的知识、其他人所说的结论或者我自己的经验来聆听他的话语的吗？

提问者：不，我或许可以准确地聆听他所说的话，因为我已经抵制了所有这一切。

克：我已经抵制了所有这一切吗？抑或我是带着所有这些知识在听他说话呢？假如我抵制了这一切，那么我便是在真正地聆听，我便是在非常仔细地听着他所说的内容。

提问者：又或者我是带着我已经知道的关于他的一切在聆听呢？

克：我已经说过了，我把他的名望抛到了一边。我是否是带着我通过书本、通过经验所获得的知识在听他说话的呢，所以我会进行比较、判断和评价？假如真是这样的话，那么我便无法去探明他所说的是否是事实的真相了。然而我有可能将所有这些都抛到一边去吗？我是如此热切、如此有兴致要去探明，所以，暂时的——至少在我聆听的时候——我将抛开我所知道的一切。我想要知道，但我不打算被轻易地说服，不打算被争论、机智、逻辑拖进某个事物中去。那么我能否彻底舍弃过去、真正聆听他在说些什么呢？这便是问题的关键，你明白吗？尔后我与他的关系就将是截然不同的了，于是我的聆听便是源自寂静。

这真的是一个非常有意思的问题,我已经凭借自己的力量来解答了。这儿有十来个人,你们将如何去解答该问题呢?你们将如何去知道他所说的是否是事实的真相呢?

提问者:我并不关心"真相"一词,当你使用"真相"这个词语的时候,你的含义是你有能力去判断什么是真相,又或者你已经怀有了某个关于真相的定义,抑或你知道真相是什么,而这便意味着你不会去倾听他在说些什么。

克:你难道不想知道他所说的是否并非真实吗?而他之所以会如此,原因就在于一个受限的心灵、在于一种排拒、一种反应呢?

提问者(1):我认识到,倘若要聆听这个人所说的话,我就不能够怀有一颗受到局限的心灵来聆听。

提问者(2):这里出现了另一个问题:我抵制所有的知识,然后在寂静中聆听。那么真实是否便存在于这寂静之中呢?

克:我不知道,这便是我不得不去探明的一个问题。

提问者(1):假如没有抵制,那么也就不全有寂静。

提问者(2):那么教诲是否就是实相呢?

克:你该如何来回答这个问题呢?

提问者:我认为,首先,你可以感知到虚假和谬误。换句话说,你要去探明是否存在着某种虚假、某种前后的不一致。

克:逻辑也可能是大错特错的。

提问者(1):是的,我所指的并不仅仅是逻辑,但是你可以感知到交流的整个过程,你可以去察看是否存在着某种欺骗。我觉得这里面包含了一个问题:你是否在欺骗自己呢?

提问者（2）：可是感知难道不意味着一个人自身投射的缺席吗——当你移除自己对它的所有歪曲和粉饰以后，你将会走入一片寂静之域。而只有在那时，你才能够拥有感知力。

提问者（3）：你必须要从这种自我欺骗中解放出来，方能有所探明。

克：原谅我再问一次：你该怎样知道他道出了真实呢？抑或他是在欺骗着自己，被困在某个幻觉里头，而这一幻觉让他误以为他是在讲述真相呢？你对这一问题做何回答？

提问者：倘若没有深入地研究，一个人就不能够盲目地去接受他人所言。

克：但是他可以欺骗自己到如此可怕的地步。

提问者：你经历了欺骗的各个层次，并且超越了它们。

克：假如我是个陌生人，我或许会问："你们听这个人讲了这么长时间，你怎样知道他所言非虚呢？"

提问者：我可能会说："我审视着你所说的话，每一次我都能够对其加以检测，看看是否正确的，而我没有发现存在任何矛盾之处。"

克：不，问题是：你如何探明真相？——不是关于矛盾或逻辑，不是关于这些。一个人自己的感知、自己的探究、自己的挖掘——这些就足够了吗？

提问者（1）：假如一个人经历了各种形式的自我欺骗的话。

提问者（2）：在一个人聆听的时刻——我不知道究竟他听得有多深入，但至少是在听——他感觉自身发生了某种变化。或许不是一种完全的革新，但起码是种变化。

克：当你出外散步，看到那些群山，你安静地凝望着它们，于是在你返回家中时，将会有崭新的事物发生。你明白我所说的吗？

提问者（1）：是的。

提问者（2）：我们聆听着人们的话语，他们是基于知识在发言，我们又听着您的讲话，而这二者是截然不同的。

克：你解答了这一问题吗？

提问者（1）：对我来说，我已经解答了这一问题。我听过无数人的讲话，此刻我又在听克里希那穆提您的演讲。虽然我不一定完全领悟了您的每一句话，但我知道这是截然不同的。

提问者（2）：这意味着里面蕴含了许多关于事实的真相。

提问者（3）：有一些人暗示说，您也以某种方式在欺骗着自己。他们并非是从这种方式来看待该问题的。

提问者（3）：曾经有个人给我写了一封信，询问说我是否赞同克里希那穆提所说的一切。"难道他没有告诉你应当去质疑他所说的一切吗？"我能够予以回复的唯一办法便是说："于我而言，这是不证自明的。"

克：这或许对你来说是不证自明的，然而这却是一种幻象。这是一个如此危险和棘手的事物。

提问者（1）：有可能存在着一个标准，而我们则通过这一标准来对其予以衡量。

提问者（2）：我认为，对于思想来说，做到确信这一事情是不可能的。思想的典型状态是，它想要去确信它并没有在欺骗自己，想要去确信它在聆听事实的真相。思想永远不会放弃这一质疑，对于思想来说，永不放弃质疑是对的，但是思想无法触碰到它，无法了解它。

克：博姆博士和我曾以一种不同的方式做过类似的讨论。假如我没记错的话，我们的问题是：是否存在着这样一种寂静——它不是话语，不是想象出来的？是否存在着这样的寂静？而你所说的有可能是源自这种寂静吗？

提问者：问题在于，这些话语究竟是来自感知，来自寂静，还是来自记忆？

克：是的。

提问者：问题是，这些被使用的话语，展开的是否是直接地交流，是否来自空无、来自寂静？

克：这便是问题的关键。

提问者：正如我们常说的那样：好像一架鼓在这空无之中击打着、震动着。

克：没错。你是否满意这个答案呢？——是否对他人所说的感到满意呢？

提问者：不，克里希那穆提。

克：那么你该怎样去探明呢？

提问者：您的话语否定了满意的可能性。

克：假设我爱你，信任你。由于我信任你，你也信任我，于是你无论说什么都不会是谎言，我知道你在任何情况下都不会欺骗我，你不会告诉我在你看来并非真实的事情。

提问者：我可能出于无知而去做某些事情。

克：但是假设你信任我，我也信任你。你我之间是一种信任、信心、感情和爱的关系，就像男人和女人步入婚姻时那样，他们彼此信任。但我可能用逻辑、理性以及所有这些事物来欺骗我自己，而成千上万的人都是这么做的。

提问者（1）：假如一个人对他人怀有情感，那么他就会制造出各种幻象施加在对方的身上。

提问者（2）：我认为，信任、探究、逻辑，所有这些都是与爱相伴的。

克：也是相当危险的。

提问者（1）：当然。

提问者（2）：难道就没有方法避免这种危险吗？

克：我不希望被困在某个幻象之中。

提问者：所以我们能否说实相存在于这种寂静之中呢？

克：但是我想要知道寂静是如何出现的！我可以发明出它，我可以努力多年，只为使自己拥有一颗宁静的心灵，我限制它，我把它关在一个笼子里，然后说："太妙了，我是宁静的。"这样子便会有危险，逻辑就是一种危险，思想也是一种危险，所以我发现自己处于危险的包围之中。而我想要去探明这个人所说的是否是事实的真相。

提问者（1）：我觉得没有任何探明的方法或步骤，没有任何灵丹妙药。我无法告诉其他人该如何去探明，我只能够说我用自己的全部身心感觉到了某种真实的事物，或许我可以通过我的生活将它给传达出来，但是我无法用言语、理性或任何其他的手段来使他人信服。同样的道理，我也无法使自己信服。

提问者（2）：我们是否认为感知必须要纯粹，并且处于真正的寂静之中——真正的寂静之中，而不是处在某种幻觉里头——以便能够去接近该问题呢?

克：博姆博士是位科学家、物理学家，他思维清晰、富有逻辑性。假设某个人前去找他，询问说："克里希那穆提是否道出了真相？"那么他该如何来回答呢？

提问者：难道博姆博士或者其他任何人都不应该去超越逻辑的局限吗？

克：某个人前去找他，询问道："告诉我，我真的想从你这里知道，请告诉我这个人是否道出了真相。"

提问者：但是你尔后回答说："运用逻辑这一工具去探明。"对吗？

克：不。我对此颇有兴趣，因为我已经听到很多并不具有逻辑性而且也并不小心审慎的人却声称自己所说的是事实。但是我去到了一位严谨的思想家那里，他在遣词造句上十分地审慎。我询问说："请告诉我他所说的是否是事实的真相，而不是某种歪曲或掩饰。"那么这位思想家该如何回答我呢？

提问者：某一天，当这个人说您或许陷入到了窠臼之中时，您审视着这一问题，那么会发生什么呢？

克：我从不同的方面来审视该问题，我不认为自己陷入到了窠臼之中，然而我或许的确是如此。所以在经过了十分仔细的探究之后，我离开了这一问题。当你在经过了一番研究之后将这一问题置之不理时，会有某种新的事物发生。

那么现在我要问你的是：请告诉我这个人是否道出了事实的真相？

提问者：对我来说，他的确道出了事实的真相，但是我无法将其传达给你。所以你必须要凭借你自己的力量去查明，你必须要在你自己的心灵里去测试真伪。

克：但是你或许会误导和欺骗我。

提问者：我只能说这些，我无法真的将其传达出来。

克：或许你自己便处于这种误导和欺骗之中。

提问者（1）：但是尔后我为什么应当去找那位我所尊敬的博姆博士以寻求解答呢？

提问者（2）：我只能够说，我已经对其予以了质疑，我已经指出，它或许是这样，也可能不是这样，我已经对自我欺骗这一问题展开了十分仔细的探究。

提问者（3）：在我看来，我将会希望知道他把什么东西附加在了对该问题的解答上。是寂静吗？是逻辑吗？是他自己的智识吗？我想要知道他打算怎样来回答我的疑问，并从他的解答中有所收获。

克：作为一个人，你如何在内心深处知道他所说的是事实的真相呢？我抵制逻辑以及其他的一切。我此前已经历过这个。所以，假如所有这些并不是这样子的，那么又会是怎样的呢？

提问者：有些人非常聪明，他们说着一些极为相似的事情，并声称自己所言源自实相。

克：是的，他们用印度语重复道："你便是世界。"这就是在字眼上做文章。

提问者：所以说，我的讲话必须要源自你所提及的那种寂静。

克：不，请不要搞复杂了。我想知道克里希那穆提是否道出了实相。博姆博士与克里希那穆提相识多年，他拥有一个状态良好、训练有素的心智，于是我前去向他询问。

提问者：而他能够说的便是："我认识这个人，他就是这样影响我的，他改变了我的生活。"

克：不，我想要第一手的信息来源。

提问者（1）：博姆博士就在这儿，让他来告诉我们吧。

提问者（2）：但是你说你想要证据。

克：不是这样的。这是一个非常严肃的问题，不是单纯的智力问题，而是十分重要的问题。

提问者：一个人能否获得解答呢？又或者他一开始就是在询问一个错误的问题呢？

克：是这样吗？

提问者（1）：当然，一个人怎样才能够知道呢？

提问者（2）：我认为，在我们讨论了这些问题之后，我可以这么对他说：它来自空无，我觉得它是一种直接的感知。

克：是的。直接的感知是否与逻辑无关呢？

提问者：它并不是来自逻辑。

克：但你依然是具有逻辑性的。

提问者：逻辑或许可以稍后出现，但并不是在那一刻。

克：所以你正告诉我说：我已经探明此人的确道出了实相，因为我拥有直接的感知，我已经洞察了他所说的。

提问者：没错。

克：现在请务必小心谨慎一点儿，因为我听到某位上师的弟子也说过同样的话。

提问者：我也听过一位上师这么说过，但是稍后通过理性的审视，我发觉这是一派胡言。当我审视着事实和逻辑时，我发现他的话并不符合。因此我会说，除了直接的感知以外，我始终都在对其展开理性的探究。

克：所以你是说，感知没有令你盲目，感知的时候还有理性和逻辑相伴。

提问者：是的，逻辑和事实。

克：因此感知先行，逻辑随后。而不是逻辑在先，感知在后。

提问者：没错。

克：所以经由感知，尔后伴随着逻辑，你发觉它是实相。那些虔诚的基督徒们难道不是这么做的吗？

提问者：逻辑是不够的，因为我们必须要看到人们实际上是如何行为的。我发现基督徒们有一些主张，然而当我们审视着他们的整个所为时，就知道与实相并不相符。

克：这里面难道没有一种可怕的危险吗？

提问者：我确信有危险存在。

克：所以你是说一个人必须在要行走在危险之中。

提问者：是的。

克：现在我开始理解你所说的了。一个人必须要在一个危险之域活动。

提问者：这意味着他不得不保持最大的警觉和清醒。

克：所以，在与他的交谈中我所获知的是，这是一个非常危险的事物。他已经说过，假如你真的做好了准备行走在一片危险之域的话，那么你就能够知道克里希那穆提是否道出了事实的真相。对吗？

提问者：没错。

克：这片危险之域布满了地雷，你就好像是行走在剃刀的边缘。你准备好这样做了吗？

提问者：这是做任何事情的唯一道路。

克：我已经懂得要去察觉到自己周围的这些危险，并且要始终直面危险，因此并无安全可言。询问者或许会说："这超出了我的承受范围。"尔后便匆忙走开了！

所以这便是我想要去探明的。心灵——无数个世纪以来都一直受着各种限定、想要得到安全的心灵——能否放弃这种对安全的渴求，然后说道"我将要步入危险之中"呢？

提问者：原则上来说，这便是所有的科学运作的方式。

克：是的，没错。所以这也意味着我不信任任何人——任何上师、任何先知。我信任我的妻子，原因是她爱我，我也爱她，但这却是无关的。

提问者：必须要对"危险"一词进行一下解释。从某个方面来说，它是危险的，但从另一个方面来说则不是。我必须要展开探究。我所受的各种限定便是极为危险的。

克：所以我们说："我已经行走在危险之中，我已经发现了这种危险的逻辑性。通过对危险的感知，我察觉到了克里希那穆提话语中的真实。这里面没有任何安全，然而所有其他人都给予我安全。"

提问者：安全变成了最终的危险。

克：当然。

提问者：实际上您所描述的是科学的方法，他们认为每一种主张都必然处于谬误的危险之中。

克：对极了。我受益匪浅，你们呢？某个人来自西雅图、舍菲尔德或是伯明翰,他被告知说:"我已经知道他道出了真相,因为我有了某种感知,而这一感知在逻辑上站得住脚。"在这种感知中,我发现我正行走在一片危险之域,因此我不得不万分警觉。当没有安全时,危险便会存在。上师们、牧师们全都在提供着安全。明白了该行为的不合逻辑,我也就接受了这种不合逻辑。

提问者:我不能肯定您是否应当将其称为不合逻辑;它并非是不合逻辑的,但它却是逻辑必须要采取的运作方式。

克:当然。我们是否会说,直接的感知和洞见要求极具逻辑性,要求有能力去做到清楚的思考呢?然而这种清晰思考的能力并不会带来洞见。

提问者:但如果逻辑不会带来感知,那么它实际上做了些什么呢?

克:它训练和塑造心智。但是这种确定性并不会带来某种洞见。

提问者:这种感知并不是经由心智得来的。

克:这得看你所说的心智指的是什么。逻辑令心智敏捷、清晰、客观和健全,然而它不会再提供给你其他东西了。你的问题是:其他的东西该如何出现呢?

提问者(1):不,这并不是我的问题。逻辑令心智清晰,但心智是否是感知的工具呢?

提问者(2):你知道,你必须要有感知。例如,假如你感知到了悲伤或者恐惧的终结,那么这整个事情便有可能是一场欺骗。逻辑令你的行为具有一种清晰。

提问者(3):是的,这便是我们所说的,即逻辑清除了心灵的混乱和碎片。

提问者（4）：假如你不拥有逻辑的话，那么碎片便可能出现。

克：如果你没有逻辑，你就可能待在一堆碎片之中。

提问者：如果这种感知是真实的，那么为什么尔后它需要用逻辑来加以检验呢？

克：我们说感知不需要逻辑，它所做的一切都是理性的、合乎逻辑的、健全的、客观的。

提问者：它合乎逻辑，但却没有意图要使自己如此。

克：正是。

提问者：这就好像在说，假如你正确地看到了这个房间里的事物，那么你就不会在自己的所见中发现任何不合乎逻辑的事物。

克：没错。感知是否会始终防范着混乱和碎片，如此一来心灵就永远不会去累积，因而也就不必继续去清除碎片了呢？这便是你的问题，不是吗？

提问者：我觉得感知能够到达一个阶段，在这个阶段，它不断保持着这片领域的洁净。我认为它能够在某个时刻到达这一阶段。

克：在某个时刻，我拥有了感知。然而在感知与感知之间的间隙，存在着许多累积的碎片。我们的问题是：感知是否是持续的，如此一来就不会有碎片的累积了呢？换个方式来表达：感知是否会保持这片领域的洁净呢？

提问者：一个人能否区分洞见和感知呢？

克：不要将二者分开，把这两个词当作同义的来看待。我们在问的是：感知是否是间隔性地出现？在这些间隙中，许多碎片累积了起来，因此这片领域不得不再次进行清除。又或者感知本身带来了一种其间没有碎片的澄明呢？

提问者：你是说它一旦出现了就会永远存在吗？

克：这便是我正试图要去探明的。不要使用诸如"持续的""永远不会再"这类字眼。紧扣问题本身：感知一旦出现了，心灵会否累积更多的碎片和混乱呢？只有当感知被碎片遮盖时，摆脱碎片的过程才会开始。但假如存在着感知，那么为什么还应当有累积呢？

提问者：这里面有许多难点。

对话2　教诲是否源自实相

克里希那穆提：我们正在讨论一个人如何能够知道克里希那穆提道出了实相。他可能为自己所受的局限、为各种幻觉所困,无法从中解脱出来,他梳理出了一系列的结论、语词,然后声称它们是真实的。你如何知道他所说的是真实而永恒的呢?

博姆博士认为,当一个人对于所说的话具有了一种洞察力和直接的感知,那么毫无疑问它便是真实的。有了这种洞见,你就能够用理性和逻辑来证明这种感知的真实性。然而这种感知是否只能间隔性地获得,因此便会累积大量的碎片——这些碎片妨碍了感知——抑或一种感知便已足够了呢?它是否开启了领悟之门,如此一来始终都会有洞察力存在呢?

提问者：这是否意味着您永远不会有任何的混乱和困惑了呢?

克：是的,我们正在逐步接近问题的要义。一个人有了某种感知、某种洞见,而这种洞察力具有理性、逻辑以及行动能力。这种行动是完整的,因为感知暂时是完整的。进一步的行动是否会令感知变得混乱呢?又或者,一旦有了感知,就不会再出现进一步的混乱了呢?

提问者：我认为我们所说的是这里面存在着危险。假如你说:我的行为总是正确的……

克：哦,这可真够危险的!

提问者：我们还认为逻辑也有它的危险性。当一个人并没有获得洞见的时候,他却能够误以为自己已经洞察了事物。

克:假设我有能力去进行推论并且展开行动,尔后我说道:"这是一种完美的、彻底的行动。"一些阅读了《薄伽梵歌》的人依循这部经书来行动,并且称其为洞见。他们按照所阅读的宗教经典来规范和塑造自己的行为,他们声称这种行为是完满而彻底的。我已经听见他们中的许多人这么说过了。天主教徒和新教徒也是如此,他们沉迷于《圣经》之中。所以我们正行走在一片危险之域,因此要保持极高的警觉。

提问者:您还指出,心灵试图在所有这一切中寻找到安全。

克:心灵始终都在寻觅着安全,当这种安全遭到威胁时,它便试图在洞察力、在直接的感知中找到安全。

提问者:在洞察力的幻觉中。

克:是的,但是它将洞察力制造成了安全。接下来的问题是:感知是否必然会不停地中断呢?也就是说,某一天你拥有了直接的感知,尔后这种感知慢慢减弱了,于是便出现了混乱和困惑。然后又有了感知以及某个行动,之后则又是混乱,如此循环往复。是这样的吗?抑或,在这些深刻的洞察之后就不会再有混乱出现了呢?

提问者:我们是否会说这种感知是完整的呢?

克:是的,假如感知是完整的、彻底的,那么任何时候都不会出现混乱。又或者,一个人可以欺骗自己说它是完整的,并且据其展开行动,而这便会带来混乱。

提问者:同时还存在着一种可能会出现的危险,即一个人拥有了一种真实的感知和洞见,并且不去欺骗自己,于是某种行为便由这种感知和洞察力而来。但是尔后他可能会将这种行为变成一个模式,不再去洞察事物了。让我们不妨说，由这种洞察会出现某种行动，因此一个人便认为这就是事物应有的样子。

克：这就是普遍发生的情形。

提问者：然而这难道不是一种感知的腐化吗——仅仅是根据该行动来塑造出某种模式，而不是继续去观察、去审视？这就好像能够去真正地审视某个事物，比如看着窗外，于是你便看到了某个事物。但是尔后你不再去凝望窗外了，你以为一切事物就是这般状态了，殊不知事物是恒动的，或许已经完全变化了。感知一开始是真实的，可你没有继续去观察、去洞悉。

克：没错。科学家们可以在某些专业领域有所洞察，而这种洞察被放进了与其生活无关的科学的目录上。然而我们所谈论的是这样一种感知：它不仅存在于行动的领域里，而且还存在于日常生活之中。

提问者：它是一个整体，因此便会有一种持续性。

克：正是。

提问者：但是我仍然不认为我们已经探究了有关危险的问题。您说某天有个人找到您，他说您或许也被困在窠臼之中。

克：是的，被困在陈规惯例之中。

提问者：您没有立即回答说："我知道我没有困在窠臼之中，因为我已经全然地领悟了。"

克：啊，这将会是致命的！

提问者：您宁可说您好多天都在审视着这个问题。

克：当然。

提问者：我正试图探明我们究竟意指为何。或许我们所主张的是，可能存在着某种不会再返回到混乱中去的洞察，但我们并没有说必然会有这样的一种洞察。

克：是的，没错。那么你是否会说，当出现了彻底的感知时——不是某种虚妄的感知——就不会再有进一步的混乱了呢？

提问者：似乎这么说是合理的。

克：这意味着说，每一天都不会有混乱出现了。

提问者：那么您为什么觉得有必要去观察它呢？

克：因为我可能会欺骗着自己，所以这是一片危险之域，我必须要保持高度的警觉，我必须要时刻留意它。

提问者：我们是否将其看作是一种洞察呢？即当出现了这样的洞察时，就不会有进一步的混乱了呢？不过我们可能是在自我欺骗。

克：是的，因此我们必须要有所警觉。

提问者：您的意思是否是，在真正的洞察之后，您依然可能是在自我欺骗呢？

克：不，你拥有了一种深刻的、彻底的、完整的洞察。某个人出现了，说道："看吧，你在欺骗着你自己。"你是会立即回答说"不，我没有自我欺骗，因为我的感知是彻底的"，还是会重新去聆听、去观察呢？这并不意味着说你否定了彻底的感知，你只是再一次去审视，看它究竟是真实的还是虚幻的。

提问者：感知是否是某种始终存在的事物呢？

克：这种想法会通向那片危险之域。印度教教徒主张说，神总是存在于你的内心——持久的、深刻的神性、灵魂，或者宇宙的本质，它是被遮盖起来的。移除掉混乱和碎片，就会在内心发现它。大多数人都相信这个。我认为这是一个结论,你断定说内心存在着某种神圣的事物,灵魂或是宇宙的本质。你永远无法从某个结论中获得一种完全的、彻底的感知。

提问者:然而这会带来另一个难题,因为,假如你否定了它,那么这是否意味着只有某些人才能够做到不随波逐流、不去遵从既定的结论呢?

克:当你说"某些人"的时候,我觉得你便是在提出一个错误的问题,不是吗?

提问者:如果可能性对于每一个人来说都是存在的话……

克:是的,对于人类来说,可能性是存在的。

提问者:对于全体人类吗?

克:对全体人类来说都是如此。

提问者:那么存在着某种能量……

克:这种能量或者存在于他们的外部,或者存在于他们的内部。

提问者:是的,我们不知道。

克:因此不要得出任何结论。如果你认为自己从某个结论中获得了感知,那么这种感知便是受限的,因此它就不是完整的。

提问者:这是否意味着没有可能使感知得到深化呢?

克:你无法去深化洞察,你无法去深化感知。你感知到了整体——这就是全部。

提问者:那么您说您能够不断地、更为深入地去探究心灵又是什么意思呢?

克:这是另一回事儿。

提问者：您是说假如感知是局部的，那么它就不是感知，对吗？

克：当然，显然不是。

提问者（1）：所以对感知的深化仅仅是一个局部的步骤，而并不是感知本身。

提问者（2）：您在感知之后提到了警觉。

克：所发生的情形是：一个人前来找我，说道："你正在变得老迈，你困在窠臼之中。"我听着他的这番话，一连几天我都思考着这个问题、审视着这个问题，然后我对自己说道："他或许是对的。"

提问者：您几乎是在暗示说这是有可能的。

克：不，我只是想要展开探究。所以不要说它是可能的或是不可能的。

提问者：我想要问的是：在某种感知之后被困在了习性之中，这种情形能否不再次发生呢？

克：有部分的感知和完全的感知——让我们不妨将感知划分为这两者。当完全的感知存在时，就不会再有进一步的混乱了。

提问者：您不会为习性所困吗？

克：不会再有混乱出现了。因为事实情形便是如此。

提问者：假设大脑在生理上出了什么问题呢？

克：那么它当然就会消失不见了。

提问者：所以似乎您的看法中存在着一种局限，因为前提是假定大脑保持着健康状态。

克：当然，假设整个机体都是健康的。如果发生了某个事故，那么你的大脑就会遭受震荡和冲击，某个地方受到了损伤，于是它便完结了。

提问者（1）：主要的危险在于，我们把部分的感知误当作了完全的感知。

提问者（2）：但这仍然意味着感知就存在于"这里"，你并非是从"那边"将它筛选出来的。这种感知的能量就存在于你的体内，不是吗？

克：一个人必须要探究什么是感知这个问题。你要如何去探明呢？这是非常重要的，不是吗？假如你的日常生活是无序、混乱和矛盾的，那么你便无法拥有感知，这是显而易见的。

提问者：这种感知意味着存在持续不断的更新，难道不是吗？

克：正是。这种能量是外在的还是内在的呢？她一直都在问着这个问题。

提问者：外在的和内在的——这难道不是一种人为的划分吗？这究竟是真实还是虚幻呢？

克：她认为这种感知需要能量。这种能量或许是一种外在的能量、一种机械的能量，抑或是一种存在于你内心深处的非机械性的能量，二者都是心智的概念。你同意吗？二者都是一个人所接受的结论，因为传统如是说，或者他是凭借自己的力量获得了该结论，然而任何形式的结论都有害于感知。所以感知究竟指的是什么呢？假如我执着于我的地位、我的财产、我的妻子，那么我会拥有感知吗？

提问者：它会歪曲和粉饰感知的行为。

克：的确，但是以科学家为例，他们拥有自己的家庭，他们有各种依附，他们渴望地位、金钱以及其他的一切，然而他们也怀有洞见。

提问者：可这种洞见并不是完整的。

克：所以我们认为，只有当你的日常生活中不再有任何混乱时，才会出现完全的感知。

提问者：我们能否更加近距离地来审视这个问题呢？

克：我可以发现，如果窗户不干净的话，我的视野便是模糊不清的。

提问者：这是否意味着存在着一种有限的洞察呢？

克：假如我处于恐惧之中，那么我的感知和领悟便是局部的、有限的。这是一个事实。

提问者：然而难道您不需要通过理解和感知来终结恐惧吗？

克：啊，但是在对恐惧展开探究的过程中，我已经彻底理解了恐惧。

提问者：显然，倘若存在着恐惧或是依附，那么即使一个人的逻辑也会被歪曲。

克：一个人感到惊恐——就像我们所说的那样，这种恐惧会令感知发生歪曲。然而在对恐惧展开观察、探究和深刻理解的过程中，我便拥有了感知和洞察。

提问者：您是否是在暗示说，你可以做某些事情，而这将会有利于感知呢？这意味着说，尽管你怀有恐惧，而恐惧会带来歪曲，不过这种歪曲并非十分彻底，不至于使你无法展开探究。虽然恐惧带来了歪曲，但依然存在着完全感知的可能性呢？

克：我认识到我因为恐惧而令感知发生了歪曲。

提问者：没错，于是我开始去审视恐惧。

克：开始去观察它、去研究它。

提问者：在一开始的时候，我也在歪曲它。

克：所以我观察着每一个歪曲，我察觉到了每一个正在发生的歪曲。

提问者：但是您知道，我认为困难就在这里。当我在进行歪曲的时候，我如何能够展开探究呢？

克：等等,请听我说。我感到害怕,我发现恐惧驱使着我去做了某件事情,而这是一种歪曲。

提问者：但是在我能够发现这一点之前,恐惧必须要消褪。

克：不,我在观察着恐惧。

提问者（1）：但如果我感到害怕的话,那么我将无法去观察恐惧。

提问者（2）：假如你并不害怕的话,你又怎样去观察它呢？

提问者（3）：观察的主体究竟是什么呢？

克：举一个例子：你感到害怕,你意识到了这一点。这意味着你察觉到了一个事实,那便是存在着恐惧,你也察觉到了恐惧做了些什么。这一点清楚吗？

提问者：是的。

克：你越来越深入地去观察它,在这种异常深刻的探究中,你拥有了洞见。

提问者：我可能有所领悟。

克：不,你将会有所洞察,这是非常不同的。

提问者：您所说的是,这种源于恐惧的混乱并不是彻底的,它对那些拥有洞察力的人始终是敞开着的。

克：对一个展开探究和观察的人敞开着。

提问者：假如你在自己感到害怕时去努力探究其他某个事物,那么你便会迷失在恐惧之中。但是它依然对你敞开着,让你能够去探究恐惧。

克：是的,相当正确。一个人遭受着痛苦,你看到了所发生的情形。在你展开观察、探究和揭示的过程中,你有所洞察和领悟。这种洞察可能是局部的,因此一个人必须要认识到它是部分的。它的行为是局部的,但它或许看上去是完全的、彻底的,所以要务必有所警觉。

提问者:通常的情形是,看起来似乎没有可能有所洞察和领悟,因为您说:"假如你在进行着歪曲,那么你如何来察看呢?"但是您也主张说,事实上,当你有了某种歪曲的时候,你能够察看的唯一事物便是这一歪曲。

克:没错。

提问者:但您确实具有这种能力。

克:人们拥有这一能力。

提问者(1):所以当你由于恐惧或者痛苦而歪曲着某个事物的时候,你所察看的大多数事物便是有所歪曲的。但依然有可能去审视这一歪曲本身。

提问者(2):你可以察看到那制造出了歪曲的恐惧,所以你不可以说任何感知都是不可能的,无论这种感知是什么。

克:正是如此。尔后你便把探究的大门锁上了。提问者:一个人能否说恐惧可以察看到自身呢?

克:不,不。他感到害怕:在察看恐惧的过程里——没有洞悉,仅仅是观察它——你看到它所做的,看到了它的行为。

提问者:您是说通过观察它,通过意识到它。

克:不做任何选择——就只是去察觉到它,你将看到恐惧会做些什么。在对其展开深入、广泛地察看过程中,你会突然洞悉恐惧的整个结构。

提问者:但这里依然有一个问题:在恐惧的时刻,我便是恐惧。

克:你如何观察恐惧呢——你究竟是作为一个观察者来观察它,还是观察者便是恐惧本身?你了解到观察者即所观之物,当恐惧存在时,行为里便会有歪曲和混乱。你研究着这种源于恐惧的混乱，而正是在这探究的过程中，你获得了洞见。观察它、探究它，你便会有所洞察和领悟的——如果你不去将自我局限起来的话。当你说"我太恐惧了，我无法察看"的时候，你便是在逃离。

提问者：当我们说一个人由于窗户太脏而无法透过它看到外面的景象时，探究恐惧，探究这一会导致歪曲的元素，便是在清洁那扇窗户。

克：你如何观察和探究呢？只有当观察者和所观之物之间没有区分时，感知才会出现。只有当你展开探究的行动时，感知才会到来。去研究一下"观察者与所观之物之间并无区分"这句话究竟是何含义。所以你在观察恐惧的运动，而正是在这种察看的过程里，你将会有所洞悉。我认为这一点是十分清楚的。然而你发现，克里希那穆提说道："我从不曾做过这个。"

提问者：从不曾经历过所有这一切吗？那么您如何知道其他的人可以呢？

克：让我们来讨论一下吧。假设你没有经历过所有这些，但是你立即地看到了问题所在，由于你立即地察看到了问题的关键，所以你的理性能力便对这一切进行了解释。另一个人在聆听之后说道："我想要有所领悟，但我不必要经历这整个的过程。"

提问者：您是说我们大家刚刚所讨论的仅仅是在抛砖引玉吗？

克：是的。

提问者：换句话说，它并不是真正主要的问题。

克：没错。

提问者：您是说有捷径可走吗？

克：不，没有任何捷径。你必须要经历恐惧、嫉妒、焦虑和依附吗？抑或你能否立即将这一切清除干净呢？一个人是否必须要经历这整个的过程呢？

提问者：您此前说您从不曾这么做过。通过立即的、完全的感知，你能够发现这些脏兮兮的窗户使窗外的景象发生了歪曲，你知道应当将窗户上的污渍擦拭干净。但这并不是必需的，或许有一种直接的、立即的方法……

克：不，首先要提出问题，然后看看会发生什么。

博姆博士对克里希那穆提说道："你或许没有经历过所有这些。因为你拥有直接的、完全的洞察，所以你能够与理性和逻辑展开争辩，你能够有所行动。你总是基于彻底的感知来发言，因此你所说的永远不会存在歪曲。"另一个人听到了所有这些内容，他说道："我感到恐惧、我心怀嫉妒，我是这个、我是那个，所以我无法拥有彻底的感知。"于是我观察着依附、恐惧或者嫉妒，尔后我便有所洞察和领悟了。

通过探究、通过觉知、通过发现观察者即所观之物，发现二者之间并无任何区分，在这种探究的过程中——我们进行着观察，但是并没有所谓的观察者，我们看到了整个的结构——有可能从依附、恐惧和嫉妒的羁绊中解脱出来吗？我认为这是唯一的方法。

提问者：有可能不去怀有某些恐惧、嫉妒和依附吗？

克：然而可能存在着更为深刻的层面。你或许并没有完全意识到它们；你或许并没有彻底察觉到那些更为深层的恐惧、嫉妒和依附；你或许可以口头上声称："我很好，我没有任何恐惧、嫉妒和依附。"

提问者：但如果一个人前往某间学校，在里面有所学习和探究，那么这是否将为可能性扫清道路呢?

克:我们所谈论的是:一个人必须要经历这整个的过程吗?

提问者:难道我们就不能不去谈个人的问题吗?我们所讨论的是人类会面临什么,而不是某一个体会遭遇什么。

克:不能。任何一个未经历这整个过程的人是否会洞察到该问题呢?

提问者:您所说的"这整个的过程"是否有恐惧在内呢?

克:包含恐惧、悲伤、嫉妒、依附,你一步一步地经历了所有这些。抑或一个人能否匆匆一瞥便看到这整个事情呢?而这匆匆的一瞥便是探究以及彻底的、完全的感知。

提问者:这便是当您说"最初的一步即最后的一步"时所指的含义。

克:是的,完全的感知。

提问者:那么一个人对某个处于悲伤中的人负有什么责任呢?

克:他对这个人的反应便是慈悲。这便是全部,再无其他。

提问者:例如,假如你看到了一只受伤的鸟儿,那么你该如何来处理这一情况是非常容易的,因为它不会对你有太多的要求。然而当你同一个人接触时,他会有许多极为复杂的、一系列的需求。

克:你实际上能够怎么做呢?某个人前来找到你,说道:"我处于深深的悲伤之中。"那么你是出于慈悲而跟他谈话呢,还是根据某个结论或者你自己曾经有过的悲伤经历来同他交谈呢?这些结论和经历都是你所受到的限定,那么你是否会根据这些限定来解答他的难题呢?一个在某些方面受限的印度教教徒说道:"我亲爱的朋友,我很难过,但来世你将会生活得更好。你之所以会受苦,是因为你做了这个或那个。"诸如此类。又或者一个基督徒会根据某些其他的结论来予以回应。而他从中获得了慰藉,因为一个正在受苦的人渴望得到某种安慰,渴望将自己的头枕在某个人的膝盖上,所以他所寻觅的是慰藉以及对痛苦的逃避。你将会提供给他任何逃避的方法吗?而从一颗满怀慈悲的心灵流淌出来的话语才会真正对他有所帮助。

提问者:您是否是说,谈到悲伤这一问题,你无法给予他人直接的帮助,然而慈悲这一力量本身却可以有所帮助呢?

克:没错,正是如此。

提问者:但是将会有许多受伤的心灵来到这里寻求帮助,我认为如何应对他们的需求将会是一个难题。

克:假如你心怀慈悲,那么就不会有任何问题,因为慈悲不会产生问题。

提问者:您是说彻底的慈悲便是最高的智慧吗?

克:当然。假如有慈悲存在,那么慈悲便拥有属于它自己的智慧,而这种智慧将会展开行动。但如果你不怀有慈悲,不具有智慧,那么你所受的各种限定便会使得你去回应它所想要的一切。我认为这是相当简单的。

现在返回到另一个问题上来:一个人必须要经历这整个的过程吗?是否会有人说"我将不去经历所有这一切,我拒绝去经历这一切"呢?

提问者:但是他拒绝的基础是什么?拒绝去做必需的事情是毫无意义的。

克:当然。你知道,我们是这种为习性所束缚的人类。因为我的父亲是受到限定的,一代又一代人都是有所限定的,而我也是如此。我接受了这种种的限定,我在这些限定中工作和生活。但如果我说,我不会在各种受限的反应中活动,那么就可能会出现某种其他的事情。假如我意识到我是一个小资产阶级,而我不希望变成一个贵族或者好战分子,于是我拒绝去做一个布尔乔亚。但这并不意味着我就变成了一个革命者,或者加入了列宁、马克思的阵营——对我来说他们都是布尔乔亚。所以确实有某种事情发生了,我抵制这整个的事情。你知道,一个人从来不会说:"我将抵制这一切。"我希望对这个问题展开一下探究。

提问者:您的意思是否是说,声称"我将要摆脱这一切"是没有必要的呢?

克:当然。我的意思是说,声称"我不会做一个布尔乔亚"仅仅是话语罢了。

提问者:不过这难道不代表着某种对于持续、对于安全的渴望吗?

克:没错。布尔乔亚代表着持续与安全,代表着缺乏品位、言行粗俗。

提问者:但是克里希那穆提,假如您声称克里希那穆提从不曾这么说过,从没必要这么说,那么我们只能够得出这样一个结论,即您有点儿离经叛道,有点儿古怪。

克:不,不,这是不同的事情。如果有人对你说"我从不曾经历过这一切",那么你会做什么呢?你是否会认为他是个古怪的家伙呢?抑或你是否会说:"多么特别啊,他所讲的是事实吗?他有欺骗自己吗?"于是你与他展开讨论。尔后你的问题便是:"这是怎么发生的呢?"你是一个人类,他也是一个人类,但为何他却不曾经历过这一切呢?你希望去探明。

提问者:你询问说:"我们在哪些方面是不同的?"他是一个从不曾经历过所有这一切的人类。

克：他从不曾经历过这个。你难道不会去问这样一个问题吗，即：这是如何发生的呢？我必须要经历所有这一切吗？你是否会问呢？

提问者（1）：我认为我必须要经历这一切。

提问者（2）：克里希那穆提，您举了两个相隔甚远的人为例。其中一个是未被污染的人，他从不曾经历过这一过程，因为他从不曾处于困境之中。

克：不要去考虑他为何没有经历过该过程。

提问者：但是，很明显，其他大多数人都处于某种形式的……

克：……限定之中。

提问者（1）：……处于某种形式的污染之中，可能是恐惧或者其他的东西。因此这个人已经患病了——让我们不妨这么说——声称什么"此人这辈子从未病过一天"。对句话加以检验又有何益处呢？因为一个人已经处于某种形式的病态之中了。

提问者（2）：这是一种假设。我觉得我们所说的是如果某个人从未经历过这一切，这道出了人类的某种本质，每个人都如此。

提问者（3）：然而一个人已经处于病态之中了。

提问者（4）：这或许是一个结论。

提问者（5）：这也是一个可以确定的事实。

提问者（6）：我觉得无论这种病是什么，它都是人类的本质，从实质上来说是无可避免的。

提问者（7）：我不会这么认为，但我会说这是一种事实——至少对我来说是如此——即存在着这种或那种形式的病态。我认为这并不是一种假设，而是事实。

提问者（8）：然而问题是：这一事实所依凭的是什么？你知道，该事实可能依凭人们对自身的这样一种假设，即克服这种病态需要花费时间。

提问者（9）：只去询问一些琐碎的小事而非重要的大事，这是否已是病态的一部分呢？

提问者（10）：除了所有这些之外，还有一个问题，那便是：一个在某些方面患了病的人如何能够直接地从这种状态中摆脱出来，而无须经历不断的自我探索呢？

克：我们能否用一种不同的方式来探讨这个问题呢？你是否是在某个方向寻求着卓越，而非卓越的本质呢？作为一名画家，我在我的画作里寻求着卓越，并且为其所困。一位科学家也为其他某事物所困。然而一个并非专家的普通人，一个不吸毒、没有烟瘾、智力平凡的人，同样是相当有理性和正派的，假如他寻求卓越的本质，那么这种情形是否会发生呢？本质将会显现出来的。我不知道我是否把意思表达清楚了？

提问者：本质存在于形式之外吗？

克：请首先仔细去聆听，不要反对、不要抵制、不要说"如果"或者"但是"。这种对卓越的需求——你是如何要求它的——带来了它的本质。你对卓越的需求如此之热烈，你要求最高的智识，最高的卓越，要求它的本质，当恐惧出现时，那么你就……

提问者：这种要求源自何处？

克：就只是需要它！不要问："它是从哪里来的？"可能存在着某个动机，然而这种需求将动机全部驱走了。你是否明白我的意思呢？

提问者：您是说：需要卓越——一种我们尚不知道的卓越。

克：我不知道超越它的是什么，但是我希望实现道德上的优秀。

提问者：这是否意味着良善？

克：我要求非凡的良善，我要求良善开出最美丽的花朵。而在这种要求里会有对于本质的需求。

提问者：感知是否来源于这种需求呢？

克：是的，没错。

提问者：您能否谈谈您把这种需求叫作什么呢？

克：这种需求指的并不是要求、恳求、或渴求——把所有这些都抛开。

提问者：它所指的不是这些吗？

克：不是，不是这些。

提问者：您实际上是说，对于一个智力平平的人来说，一切皆有可能，对吗？

克：是的，这并不是一个结论，也不是一种希望。我认为对于一个身心洁净、思想正派、内心善良、不属于布尔乔亚的普通人来说是可能的。

提问者：对于某个像我这样的人来说，要觉得一个人能够真的彻底地摆脱这些羁绊是相当困难的。

克：你知道，你并没有在听。X 对你说道："请先去聆听，不要把所有这些反对带进来，就仅仅是去聆听他在说些什么。这也就是说，生命里重要的是最高的卓越，这种卓越有其自身的本质。"这就是全部。而这种对卓越的要求指的并不是哀求或祈求，并不是从某个人那里得到什么。

提问者：重要的是，我们发现我们把需求跟渴望弄混了。

克：当然。

提问者：必须不怀有任何信仰。

克：没有任何信仰，没有任何渴望。

提问者：您知道，当人们感觉他们想要放弃渴望时，那么也会有放弃掉这种需求的危险。

克：我们怎样才能够把这个问题说清楚呢？不妨让我们找一个更好点的词语吧。"激情"一词会不会更合适一些？存在着对卓越的激情。

提问者：这是否意味着这种激情没有任何目的呢？

克：你知道你是多么快地就得出了某个结论吗？燃烧的激情——但不是为了某个事物。基督徒们对传教工作怀有激情——这种激情源自对耶稣的热爱。然而实际上这并不是激情，只是非常肤浅的情感。所以让我们把所有这些都抛开吧。

提问者：正如您刚才所言，人们怀有某种幻象，或者怀有对某个事物的梦想，而这发展成为了一股巨大的能量。然而您说它并不是一个梦想，并不是一个幻象，它是对卓越的某种感知。

克：所有这些激情都有意识地或无意识地滋生出了自负、滋生出了自我，使得"我"变得极为重要。我们应该将这一切统统终止。有一个年轻人，他怀有某种激情，想要成长为一个卓越的人，成长为一个非凡之辈，一个具有独创精神的人。

提问者：他发现这是可能的。

克：是的。

提问者：因此他怀有这份激情。

克：是的，没错，它是可能的。这是否便是大多数人身上所缺失的东西呢？不是激情，而是……我不知道如何来描述。在一个要求至善至美的人身上存在着一种激情,这种激情不是在他所写的书籍里,而是在对它的感受里。你理解这一点,对吗?这个人没有要求它,他说道:"我从不曾有所要求。"

提问者:或许这得归因于各种条件限定。我们受到各种限制,以至于我们选择了平庸,而不是提出这一需求。这就是您所说的平庸。

克:是的,当然。平庸便是缺乏伟大的激情——不是对耶稣的激情,不是对马克思主义的激情,不是对任何其他事物的激情。

提问者:我们所受到的各种局限不仅让我们变得平庸,而且还怀有某个方向,所以需求总是拥有某个方向的。

克:需求便是一种方向,相当正确。

提问者:要怀有一种没有任何方向的要求……

克:没错。我喜欢"要求"这个词,因为它是一种挑战。

提问者:一个没有方向的要求难道不意味着它不处于时间之中吗?

克:当然。它要求没有方向、没有时间、没有人。所以彻底的洞察是否会带来这种激情呢?彻底的洞察便是这一激情。

提问者:它们是不可分的。

克:彻底的洞察是激情的火焰,它会冲刷掉所有的混乱与困惑,它会把其他的一切统统化为灰烬。尔后你的行为不就犹如一个磁铁了吗?蜜蜂朝着花蜜而去,同样的道理,当你怀有创造的激情时,你的行动难道不就犹如一个磁铁吗?这股激情之火便是大多数人身上所缺失的东西。假如有某种事物不见了,那么我就去寻找它。

提问者(1):我们能否谈论一下一个受限的心灵与一个不受限制的心灵之间是什么关系呢?它是否只有可能去寻求一些琐碎的事物,又或者我们能够以某种方式超越这些琐碎之物，跃入那些更为重要的事物中去呢？

提问者（2）：无论我所寻求的是什么，在某个方向里的寻求都将是微不足道的琐碎之事。

克：相当正确。

提问者：我们必须要去寻求那些不受限制的事物。

克：她实际上是在问：受限和不受限之间是什么关系？以及，当一个人是不受限制的，而另一个人则是受到限制的时候，那么这两个人之间是什么关系？答案是，没有任何关系。

提问者：您如何能够认为一个不受限制的人同一个有所限制的人之间并无任何关系呢？

克：受到限制的人与不受限制的人之间没有关系，但是不受限制的人与这个受到限制的人却有某种关系。

提问者：然而，从逻辑上来说，一个人可以这么询问：不受限制的人与受到限制的人之间是否存在着本质性的区别呢？因为假如您说存在着关系，那么就应该是一种二元的关系。

克：你所说的"本质性的区别"指的是什么呢？

提问者：不妨让我们说是种类上的区别。假如受到限制的人与未受限制的人之间存在着某种本质性的区别，那么就会有一种二元性。

克：我明白了你的意思。X 是有所限制的，Y 则是没有受到局限的。X 用一种二元性来思考，他所受到的各种限定是双重性的。然而这种双重性与 Y 无关，尽管 Y 与 X 有着某种关系。

提问者：因为不存在任何二元性。

克：是的。Y 没有任何二元性，所以他与 X 有着某种关系。你还询问了某个其他的问题：是否存在着某种深刻的、本质性的区别？这二者难道不是相同的吗？

提问者：一个人能否用另一种方式来提出这个问题呢？限定是否仅仅是表面性的呢？

克：不。

提问者（1）：我们可否像这样来表述呢？当您说"你即世界，世界即你"的时候——这一陈述是否既包括了受到限定的人，也包括了未受限定的人呢？

提问者（2）：我对此并不是太确定。似乎假如未受限定的心灵能够同受到限定的心灵有关联，能够理解它，那么就并不存在真正的二元性。不受限定的心灵理解受到限定的心灵，并且超越了后者。

提问者（3）：世界不可能是未受限定的，对吗？

克：世界便是我，我就是世界。

提问者：只有对未受局限的心灵来说，这才是一个绝对的事实。

克：不，请务必小心，这是一个显而易见的事实。

提问者：您的意思是只有未受限定的心灵才可以感知到这个吗？

克：这是她的看法，我对其并不认可。

提问者：我的意思是，我可以声称"我即世界，世界即我"，然而我的行为却是同这句话相矛盾的。因此对我来说这并不是一个绝对的事实。或许有些时候我可以发现这一事实。

克：是的。你的意思是否是"我非常清楚地对自己说道：'我即世界，世界即我'"呢？

提问者：我明白了这一点。

克：我感觉到了这一点。

提问者：我感觉到了它，是的。

克：然而我的行为却是与之相矛盾的，也就是说，我的行为是个人化的、自私的——我看重的是"我的""我"。这同我刚才所声称的"我即世界、世界即我"的事实是有冲突的。当一个人说这句话的时候，他或许仅仅是将其当作一种智识上的结论或者瞬间的感受罢了。

提问者：这并非是一种智识上的结论，因为我在陈述我的立场，不过假如您持截然不同的观点，我也会欣然接受的。

克：不，你甚至没有必要去接受。审视一下这个事实吧：当一个人说道"我即世界、世界即我"的时候，我是不存在的。然而我的房子不得不投保，我或许会生儿育女，我必须要赚钱谋生——但"我"是不存在的。仔细体察一下其中的重要含义吧。"我"始终都不存在。我生活着、工作着，但并不存在一个寻求着更高的职位以及其他一切的我。尽管我结婚了，但我并不依附我的妻子或丈夫。仅从外表看来，你或许会得出这样的印象：那便是我在展开着各种活动。然而实际上，对于一个感觉到"世界即我、我即世界"的人来说，对于他来说，"我"是不存在的。对你而言，对这个正在审视着他的你而言，这个"我"却是存在的。这个人活在世界上，他必须要有东西吃、有衣服穿、有地方住、有工作干，必须要有所有这一切，然而"我"却是不存在的。

因此，当"世界即我、我即世界"的时候，"我"是不存在的。能否宣称这一事实是放之四海而皆准的呢？答案显然是肯定的。当你说"我即世界、世界即我"的时候，没有"我"存在，没有任何限定。我不会提出如下的问题：受限的心灵是否存在于不受限制的状态中？当一个人声称"我即世界、世界即我"时，"我"是不存在的。

提问者：所以另一个人也不存在，你也是不存在的。

克：我是不存在的，你也是不存在的。当你询问说受限的心灵是否存在于不受限的状态中时，你便是在提出一个错误的问题，这就是我的理解。因为，当我不存在时，你也就是不存在的。

提问者：问题是：一个人如何明白这个在我和你的周围出现的结论呢？他看到了世界上正在发生的情形，他发现人们普遍地对这一问题感到困惑。

克：我存在着，于是便会有你和我；而你的看法也是一样。因此我们永远维持着这种区分。然而当你和我真正认识到、洞察到"世界即我、我即世界"时，我就是不存在的了。

提问者：没有我存在，没有你存在。"没有"意味着"一切"。

克：生命的整个世界———切。

提问者：于是"不受限的人与受限的人之间是否存在着一种本质性的区别"这一问题便不会出现了，因为没有所谓的"之间"。

克：是的，没错。在这种状态里——不包含受限的状态——你是不存在的，我是不存在的。这很抽象难懂吗？

提问者：您为什么必须要先声称"我即世界"，尔后再否定它呢？

克：因为这是事实。

提问者：但是之后您暗示说，假如我说声称"我即世界"的话，那么我便依然是存在的。

克：这仅仅是一个陈述。"我即世界"是一种真实存在的事实。

提问者：无论我所说的"我"一词指的是什么，"世界"一词也会有相同的含义。

克：正是。

提问者：所以我们不需要这两个词语。

克：是的，"你"和"我"——把这些词语都移除吧。

提问者：就只是存在着一切。

克：不，这么做是非常危险的，假如你说"我便是一切"……

提问者：我正努力去探明您所说的"世界"是何含义。

克：如果你说"我便是一切"的话，那么谋杀者、刺客也就是我的一部分了。

提问者：假设我不去说"我即一切"，而是说"我即世界"，那么会有所改变吗？

克：（笑起来）没错。我懂得了一个切实存在的事实，即我是世界的结果。世界意味着杀戮、战争、整个社会——我就是它的结果。

提问者：我发现每一个人都是它的结果。

克：是的，我认为结果便是你和我。

提问者：以及这种分隔。

克：当我说"我即世界"时，我所指的便是这一切。

提问者：您的意思是说，我是由世界产生的，我与一切相认同。

克：是的，我是世界的产物。

提问者：世界便是我的本质。

克：没错，世界便是我的本质。当你深刻地理解了这一点时——不是口头上的理解，不是智识上的理解，不是情绪上的感知，不是浪漫化的感受——而是深刻地认识到了这一事实时，就不会有你或我存在了。我认为这在逻辑上是站得住脚的。不过存在着一种危险：因为假如我说世界即我、我即一切，那么我便接受了一切。

提问者：您真正的主张是，一个人是整个社会的产物。

克：是的。

提问者：然而我也是整个社会的本质。

克：没错，我实际上便是所有这一切的本质性的结果。

提问者：使用"自我"一词会不会有所帮助呢？

克：这是一样的，所以无关紧要。你知道，当你说"我"或"自我"时，你便有可能欺骗自己说："我便是神的本质。"你了解这种迷信。

提问者：宇宙的本质。

克：是的。

提问者：但是仍然存在着另一个问题：未受限的心灵是否同样也是所有这一切的产物呢？那么我们便会得出一个矛盾的结果了。

克：不，不存在任何矛盾之处。不使用"我"这个词语，可以这么说：世界的结果是这个，抑或世界的结果是那个。我们是两个人类，这意味着该结果创造出了我和你。当洞察了该结果时，就不会有任何"结果"存在了。

提问者：当我们明了的时候，结果便改变了、变化了。

克：这意味着没有任何结果存在，因此"你"和"我"也就不存在了。对于一个声称"我不是结果"的人来说，这是一个切实存在的事实。你明白我的意思吗？心灵中不存在任何原因，所以也就不会有结果，因此它便是完整的，任何源于它的行为都是既无原因也无结果。

提问者：您能否把这个说得更清楚一些呢？

克：好的。这个人、X，是一个结果。Y 是一个结果。X 说"我"，Y 也说"我"，因此便存在着你和我。X 说："我明白了这一点。"他展开探究，有了某种洞察。而在这种洞察里，这两个结果都停止了，所以在这种状态里不存在任何原因。

提问者：没有任何原因，也没有任何结果，尽管它可能会在心灵中留下一些残余物。

克：让我们来一探究竟吧。在这种状态中，没有原因，没有结果。心灵基于慈悲来展开行动，因此不存在任何结果。

提问者：但是从某种意义上来说，似乎存在着一个结果。

克：但慈悲是没有任何结果的。A 在遭受痛苦，他对 X 说道："请帮助我从痛苦中解脱出来。"假如 X 真的怀有慈悲，那么他的话语便不会有任何效果。

提问者：某种事物发生了，但不存在任何结果。

克：正是如此。

提问者：然而我认为人们普遍上都在寻求着一个结果。

克：是的。让我们换一种方式来说明该问题。慈悲是否有结果呢？有果便会有因。当慈悲有原因时，你就不再是心怀慈悲的了。

提问者（1）：这真是太微妙了，因为有事物发生了，它看似有结果，然而却并非如此。

提问者（2）：但慈悲同样在行动着。

克：慈悲就是慈悲，它没有行动。假如它之所以行动，是因为有某个原因和结果的话，那么它就不是慈悲，因为这就表示它希望得到一个结果。

提问者：它的行动是纯粹的。

克：真正的慈悲不会希望有所得。

提问者：分隔的念头使得它希望有个结果。某人说道："有一个人在受苦，我想要获得这样一个结果，那便是他不再遭受痛苦。"然而这种所谓的慈悲是以"存在着我和他"这一想法为基础的。

克：正是如此。

提问者：不存在他，不存在我。一个人必须要非常仔细地来察看这一事实，必须要好好揣摩一下"世界即我、我即世界"这句话的含义。当我认为存在着我和你的时候，我们两个人便都存在于这里。你和我是人类的痛苦、自私以及其他一切特性的结果。当一个人极为深入地探究这一结果时，这种洞察会带来一种状态，在这种状态里，你和我——即结果——是不存在的。口头上同意这一点是十分容易的，然而当你深刻地明白了该事实时，就不会有你或我存在了。因此也就不存在任何的结果——没有结果，意味着会有慈悲产生。慈悲将会作用在这个正遭受着痛苦的人身上，但是他希望一个结果。我们说道："抱歉，不存在任何结果。"然而他却恳求道："请帮助我从痛苦中解脱出来吧。"又或者"请帮忙把我的儿子、我的妻子带回来吧。"抑或是其他的请求。他要求一个结果，然而慈悲是没有结果的，结果即世界。

提问者：慈悲是否对人类的意识产生影响呢？

克：是的。它影响着意识的深层。

我是世界的结果，你是世界的结果。对于一个以某种深刻的洞见领悟到了这一事实的人来说，不存在你或我。因此这种深刻的洞见便是慈悲——慈悲也就是智慧。这种智慧说道:"假如你希望一个结果,那么我无法将它给你,我不是某个结果的产物。"慈悲说道:"此状态并不是一个结果,因此也就没有任何原因。"

提问者:这是否意味着也不存在任何时间呢?

克:没有原因、没有结果、没有时间。